漫话
农作物

赵广才　王艳杰　主编

U0349569

中国农业科学技术出版社

图书在版编目（CIP）数据

漫话农作物 / 赵广才，王艳杰主编. —北京：中国农业科学技术
出版社，2020. 7（2021.8重印）

ISBN 978-7-5116-4735-1

Ⅰ.①漫… Ⅱ.①赵…②王… Ⅲ.①作物—普及读物 Ⅳ.①S5-49

中国版本图书馆 CIP 数据核字（2020）第 113421 号

责任编辑　崔改泵
责任校对　马广洋
责任印制　姜义伟　王思文

出 版 者　中国农业科学技术出版社
　　　　　北京市中关村南大街12号　　邮编：100081
电　　话　（010）82109194（出版中心）　（010）82109702（发行部）
　　　　　（010）82109709（读者服务部）
传　　真　（010）82106650
网　　址　http://www.castp.cn
经 销 者　各地新华书店
印 刷 者　北京地大彩印有限公司
开　　本　710mm×1 000mm　1/16
印　　张　9.75
字　　数　155千字
版　　次　2020年7月第1版　　2021年8月第2次印刷
定　　价　39.00元

赵广才，男，博士，中国农业科学院作物科学研究所研究员，主要从事小麦生长发育规律及优质高产栽培理论与技术研究。主持完成多项国家及省部级科研项目。以第一作者或通讯作者发表论文226篇。主编出版科技著作10部，副主编6部。以第一完成人获国家科技进步二等奖1项、省部级科技奖9项；以主要完成人获省部级科技奖2项。以第一育种人选育并通过审定小麦品种4个。2011年被评为全国粮食生产突出贡献农业科技人员，获国务院表彰；2017年获"中国农业科学院建院60周年"卓越奉献奖；2019年获中共中央、国务院、中央军委颁发的"庆祝中华人民共和国成立70周年"纪念章。培养博士、硕士研究生30余名。

王艳杰，女，博士，现为中国农业科学院作物科学研究所副研究员。主要从事小麦优质高产栽培理论与技术研究。先后主持中国博士后基金和国家自然科学基金各一项。参加国家重点研发计划、国家现代农业产业技术体系和农业农村部农业技术示范项目多项。获得国家科技进步二等奖一项（排名第六），中国作物科技奖一项（排名第七），被评为中国农业科学院优秀博士后。已发表论文20余篇（其中SCI收录8篇，EI收录1篇），出版专著和论文集2部，并获得计算机软件著作权9项，实用新型专利13项，外观设计专利3项，国际发明专利4项。协助指导研究生2名。

前　言
PREFACE

农作物是指人类对原始野生植物经过长期有意识的选择、驯化和培育，形成了比原始植物更适合人类需要的品种和类型，为人类广泛栽培和利用的各种植物。也可以说是人类大面积栽培并收获其果实、种子、叶、根（变态根）、茎（变态茎）以及花，供食用或盈利的植物的总称。

农作物的生产与人类生存息息相关，尤其是小麦、水稻、玉米、大豆等主要农作物的生产对促进国民经济发展、保障国家粮食安全和提高人民生活水平都具有十分重要的意义。作为农业科研工作者，在做好科研工作的同时，开展科学普及工作，用通俗易懂的方式和语言，向公众宣传农业科学知识，推广农业科学技术，倡导科学方法，传播科学思想，弘扬科学精神，提高公众对农业科学的兴趣和认识，是义不容辞的责任。

科技创新和科学普及是促进农业生产发展的必由之路，为进一步促进农业科技创新成果转化为生产力，促进农业生产的绿色发展，普及农作物科学知识，编著本书。全书共分为两部分，第一部分是总论——作物科技　博大精深。根据人类农业生产的目的，将农作物主要分为四大类型，一是粮食作物，即以收获成熟果实为目的，经过去壳、碾磨等加工程序而成为人类基本食粮的一类栽培植物。粮食作物是农作物中的主导作物，也是人类主要的食物来源。粮食作物中又进一步分为谷类作物、豆类作物、薯芋类作物。二是经济作物，又称工业原料作物，指具有某种特定经济用途而为人类栽培的一类植物。经济作物进一步分为纤维作物、油料作物、糖料作物、饮料作物、调料作物、药用作物、染料作物、嗜好作物、芳香作物、园艺作物和其他作物。三是饲料作物，主要是指以生产牲畜饲料为栽培目的的一类植物。四是绿肥作物，主要是指以提供作物肥源、培肥地力和改良土壤为栽培目的的一类植物。第二部分是主要农作物分述——精彩纷呈　尽收眼底。分别讲述了40余种农作物。根据每种农作物的特色赋诗一首，通过扫描二维码，可以欣赏声情并茂的配乐诗朗诵。然后，分别按照每种农作物的起源与分布、特征特性和经济价值三方面内容进行介绍，并配有相关图片，以便于读者对照识别。

本书可供广大农业科学技术人员阅读参考，也可作为各类学生的课外读物，或其他对农作物感兴趣公众的休闲读本。

书中不足之处，敬请读者指正。

赵广才

2020年5月

CONTENTS

第一部分

作物科技　博大精深

　　农作物是指人类对原始野生植物经过长期有意识的选择、隔离、驯化、培育，形成了比原始植物更适合人类需要的品种和类型，为人类栽培和利用的各种植物。也可以说是人类大面积栽种或大面积收获其果实、种子、叶、根（变态根）、茎（变态茎）以及花，供盈利或食用的植物的总称。野生植物被驯化栽培成为农作物已有1万多年的历史。

　　农作物通常有不同的生命周期。一般草本作物从春季播种萌发到秋季成熟收获，其全生命周期在一个年度内完成的，称为"一年生作物"。有些作物如冬小麦、冬大麦等秋季播种后须经过低温的冬季到翌年夏季成熟的，称为"越冬一年生作物"或"越年生作物"。有些作物如甜菜、菠菜、白菜、萝卜等，第1年播种后当年完成营养体生长，必须经过一个冬季到翌年才开花结实的，为"二年生作物"。还有如苎麻、苜蓿、甘蔗、除虫菊、菠萝等的生命周期延续3年以上，每年除收获地上部分外，其地下部的根芽或根状茎可连续生长并可用以进行营养体繁殖的，为"多年生作物"，多生长在亚热带或热带。有的作物如棉花、蓖麻，在温带为一年生，在热带则可成为宿根性多年生作物。至于茶、桑、果树等木本植物，则都属多年生作物。

水稻（一年生）

白菜（二年生）

从作物生长发育对光周期的反应看，大致可分为长日照作物和短日照作物两类。前者在生长期间的某个阶段每天所需光照时间较长，一般须超过临界日长才能完成生殖生长而形成花芽。若光照时间不足，生殖生长就会减缓而推迟开花结实；反之，则能促进生殖生长。这类作物多为适于北方生长的麦类、亚麻、甜菜和马铃薯等。短日照作物生长过程中的某个阶段每天光照长度短于

甘蔗（多年生）（高三基供图）

其临界日长才能形成花芽，黑暗时间延长可促进生殖生长；而光照时间延长只能促进营养生长。一些春播秋熟作物如水稻、玉米、高粱、大豆和大麻等属于这一类。

根据作物在光合作用中如何固定二氧化碳（CO_2）又可分为碳三作物和碳四作物。CO_2同化的最初产物是光合碳循环中的三碳化合物3-磷酸甘油酸的作物，称为碳三作物（C_3作物），如小麦、大豆、烟草、棉花等。生长过程中从空气中吸收CO_2首先合成苹果酸或天门冬氨酸等含四个碳原子化合物的作物称为碳四作物（C_4作物）。如玉米、高粱、甘蔗、苋菜等。C_3作物比C_4作物CO_2补偿点高，所以C_3作物在CO_2含量低的情况下存活率比C_4作物低。

小麦（C_3植物）　　　　　玉米（C_4植物）（明博供图）

作物的繁殖方法一般可分为有性繁殖与无性繁殖两种类型。

一是有性繁殖。指作物亲本产生的有性生殖细胞（配子），经过两性生殖细胞（例如精子和卵细胞）的结合，成为受精卵，再由受精卵发育成为新个体的生殖方式。通俗地讲就是作物经过开花结实，利用种子传播后代。其中，有的作物可进行自花授粉，就是雌蕊和雄蕊在同一朵花内，自交结实，其异交率低于5%的称自交作物，自然界少数植物是自花授粉的，如大麦、小麦、水稻、大豆等。自交率超过5%而低于50%的作物则称为常异交作物，如棉花、高粱、谷子等。有的为异花授粉。雌雄花异株或虽同株但雌雄蕊不在同一花内；也有雌雄蕊虽在同一花内，但由于形态上、时间上和生理上的限制，自花授粉困难，须通过风媒、虫媒，其天然杂交率在50%以上，高的可达100%。这类作物属于异交作物，如玉米、甜菜、大麻等。

二是无性繁殖。无性繁殖不涉及生殖细胞，不需要经过受精过程，是由母体的一部分直接形成新个体的繁殖方式。无性繁殖在生物界中较普遍，有分裂繁殖、出芽繁殖、孢子繁殖、营养体繁殖等多种形式。最常见的就是利用营养器官进行繁殖，如块根、块茎、根茎、球茎、鳞茎、地上茎等均为无性繁殖体，常见的有大蒜、马铃薯、甘薯等。此外，还有扦插、压条、分株、嫁接等方式也属于无性繁殖，以果树居多。

农作物种类繁多，曾为人类栽培利用过的植物有2 000种以上，根据人类利用农作物的类型，通常分为粮食作物、经济作物、饲料作物和绿肥作物等。

1 粮食作物

粮食作物是以收获成熟果实为目的，经去壳、碾磨等加工程序而成为人类基本食粮的一类栽培植物。粮食作物是农作物中的主导作物，也是人类主要的食物来源，世界粮食作物种植面积约占农作物总播种面积的85%，其中小麦、水稻和玉米是粮食作物中最重要的三种作物，约占世界粮食总产量的80%，占世界食物的一半以上。粮食作物不仅为人类提供食粮，以维持生命的需要，并为食品工业、饲料工业等提供原料，故粮食生产是多数国家农业的基础。粮食作物主要包含以下几种类型。

1.1 谷类作物（绝大部分属禾本科）

谷类作物是以收获籽粒食用为主要目的而为人类栽培的一类植物。籽粒中含有大量的淀粉和一定比例的蛋白质、脂肪、矿物质、维生素、纤维素以及其他营养物质等。主要的粮食作物有小麦（包括普通小麦和硬粒小麦）、水稻（包括籼稻、粳稻、糯稻）、玉米（包括普通玉米、糯玉米、甜玉米等）、大麦（包括皮大麦和裸大麦）、燕麦（包括皮燕麦和裸燕麦）、黑麦、小黑麦、谷子、高粱、黍稷、稗和薏苡等，这些作物属于禾本科，也叫禾谷类作物。但蓼科的荞麦（包括甜荞麦和苦荞麦）、苋科的籽粒苋和藜麦等，因其用途与禾本科粮食作物相似，通常也归入谷类作物，或名为假谷类。谷类虽然有多种，但其结构基本相似，都是由谷皮、胚乳、胚芽三个主要部分组成。谷类是人体最主要的热能来源。中国传统食物是以谷类食物为主的，人体所需热能约有80%，蛋白质约有50%都是由谷类提供的。

小麦

水稻

玉米（明博供图）

谷子

1.2 豆类作物（属豆科）

豆类作物是以收获成熟籽粒为目的而为人类栽培的一类植物。主要有大豆、花生、绿豆、小豆、蚕豆、豇豆、豌豆、菜豆、蔓豆、鹰嘴豆、饭豆、刀豆和滨豆等。豆类作物的种子含有大量的淀粉、蛋白质和脂肪，是营养丰富的食料。中国是栽培豆类最丰富的国家之一。豆类成熟籽粒中的蛋白质含量高于其他作物，如大豆可达40%，其他豆类大多在20%～30%。豆类可直接食用或加工成各种豆制品。大豆、花生榨油以后产生的豆饼或粗粉，除可作为精饲料外，还可精制成浓缩蛋白制品。此外，由于与豆类作物共生的根瘤菌能固定空气中的游离氮，同时豆类的圆锥根吸收土壤深层养料和水分的能力优于谷类作物，因此，种植豆类作物时同谷类作物轮作或间作，还有充分利用和培养土壤肥力的作用。

大豆（吴存祥供图）

豇豆

1.3 薯芋类作物（或称根茎类作物）

薯芋类作物是以收获富含淀粉和其他多糖类物质的膨大块根、球茎或块茎为目的而为人类栽培的一类植物。有旋花科的甘薯，茄科的马铃薯，大戟科的木薯，薯芋科的薯芋、山药、大薯，天南星科的芋、紫芋、蒟蒻，菊科的菊芋，豆科的豆薯，美人蕉科的蕉藕等。这类作物的地下根茎膨大，由薄壁细胞所组成，以贮存淀粉为主，也含有少量的蛋白质和一些维生素。除豆薯用种子繁殖外，其余均用根、茎繁殖。这类作物对逆境和病虫害抵抗能力强，易于栽培，产量高。因钾能促进淀粉的合成和积累，施肥时重视钾在三要素中的配合常有利于增产。薯类除供食用和饲用外，工业上还是制造淀粉、葡萄糖、糊精、合成橡胶和酒精的原料。

马铃薯　　　　　　　　　　甘薯（左为紫花叶甘薯；右为黄金叶甘薯）

2 经济作物

经济作物又称工业原料作物，指具有某种特定经济用途而为人类栽培的一类植物。广义的经济作物还包括蔬菜、瓜果、花卉、果品等园艺作物。经济作物按其用途分为以下几种类型。

2.1 纤维作物

纤维作物是指以收获纤维为主要目的而为人类栽培的一类植物。可按形成纤维的组织、器官类别分为：①种子纤维。如锦葵科的棉花，其纤维系由胚珠的表皮细胞延伸而成，是最主要的纺织原料。②韧皮纤维。如各种麻类的纤维,由茎部的韧皮层形成。其中荨麻科的苎麻、亚麻科的亚麻和夹竹桃科的罗布麻等的纤维长而整齐,质地柔软,含木质素少,可用于纺织优良麻织品;大麻科的大麻、田麻科的黄麻、锦葵科的苘麻和红麻及豆科的槿麻等因纺性较差,多用以制作粗麻布、麻袋、地毯、麻绳等。③叶纤维。多为热带单子叶植物,如龙舌兰科的剑麻、番麻,芭蕉科的蕉麻,凤梨科的凤梨等。其叶鞘或叶部的维管束纤维粗硬,不能供纺织用,但拉力强、耐湿、耐盐、耐磨,可用以编制各种粗绳索,在航海、采矿、铁路运输上用途很广。棕榈科的棕榈则可做垫、刷与蓑衣等。其他如莎草科的

棉花

荸荠、碱草、蔗草,灯心草科的灯心草,禾本科的芦苇、茇茇草等,其叶纤维也可供编织用。以上各种纤维还均可用作造纸原料。④木纤维。主要来自木本作物,常用以制造优质纸张。

2.2 油料作物

油料作物是指以收获含油器官榨油为目的而为人类栽培的一类植物。除豆类作物种子富含油脂的花生、大豆等兼为重要的油料作物外,还包括十字花科的油菜、芥菜、油萝卜,胡麻科的芝麻,菊科的向日葵、红花,亚麻科的胡麻,唇形科的紫苏、白苏,大戟科的蓖麻等。锦葵科的棉花,其籽仁也含有很丰富的油脂和蛋白质。木本植物如油茶、胡桃、油橄榄、油棕、油桐和乌桕等,有时也被列为油料作物。各种作物种子的含油量不同,如大豆含油量为20%左右,油菜、向日葵、胡麻、油茶、红花等为40%左右,芝麻、花生、蓖麻、油桐、乌桕等为50%左右,椰子、油棕种子的含油量则可高达60%。

油菜

芝麻 蓖麻

2.3 糖料作物

糖料作物是指以收获植物体的含糖部位供制糖用的一类栽培植物。糖分在植株上存贮的部位因作物而异，如甘蔗、芦粟、糖槭在茎部，甜菜在根部，糖棕在花部，其成分主要是蔗糖、葡萄糖和果糖。世界栽植最普遍的工业制糖原料，在低纬度地区为甘蔗，在高纬度地区为甜菜，含糖量均在15%～20%。制糖的副产品糖蜜和残渣，可作为酒精或其他化工产品的原料。蔷薇科的悬钩子和菊科的甜菊，叶部含高甜度物质糖苷——双苷配糖体，其甜度为蔗糖的300倍，可作甜味剂和糖尿病患者的辅助药剂。

甜菜 甘蔗（高三基供图）

2.4　饮料作物

饮料作物是指收获物中含有一定量的咖啡因，用作饮料时对人体有兴奋作用的一类栽培植物。主要有茶叶、咖啡、可可、啤酒花等。茶的嫩叶可制成茶叶，咖啡、可可的子实经加工后可制成饮用品。梧桐科的可乐果，种子中咖啡因含量达2%，为很强的兴奋剂，系制造可口可乐的原料。此外，大麻科的蛇麻，俗名啤酒花，可作制啤酒时的添加物，本身不含咖啡因，但其花序所含蛇麻香脂腺分泌的挥发油、苦味素、树脂和单宁等成分，能使啤酒具有芳香和略带苦味，故也可归入此类。

2.5　调料作物

调料作物是指能产生芳香或具辛辣味的挥发性物质而为人类利用的一类栽培植物。多用作食品的辅料，以促进人的食欲。调料作物有草本植物和木本植物两种类型，草本植物主要有姜科的姜，百合科的葱、蒜，茄科的辣椒，十字花科的芥菜种子，伞形科的茴香等。木本植物有芸香科的花椒，胡椒科的胡椒，樟科的肉桂，八角科的八角，桃金娘科的多香果等。

葱（花）　　　　　　　　　蒜　　　　　　　　　　　姜

2.6　药用作物

药用作物是指含有各种生物碱和苷类等有机化合物，可以用来治疗各种人、畜疾病而为人类栽培的一类植物。其植株的全部或一部分供药用或作为制药工业的原料。常用的药用植物有700多种，其中300多种以人工栽培为主。传统中药材的80%为野生资源，如人参、杜仲、银杏、灵芝、代代花、薄荷、枸杞、黄芪、沙参和颠茄等。由于保健事业的发展，对中草药的需求与日俱增，野生草药供不应求，不断发展人工栽培是大势所趋。

枸杞（曹有龙供图）

2.7 染料作物

　　染料作物是指以提取植物的天然色素用作染料而为人类栽培的一类植物。在合成染料未普遍应用之前，染料主要取自植物。中国的传统染料，蓝色主要原料为蓼科的蓼蓝叶、豆科的木蓝叶；紫色主要来自紫草科的紫草根；红色主要为菊科的红花花冠和茜草科的茜草根等。在欧洲则常用十字花科的菘蓝叶染蓝色，用木蓝草科的木蓝草叶染深黄色，用千屈菜科的散沫花枝叶染橙色，用姜科的郁金块茎染橙红色等。

红花

2.8 嗜好作物

　　嗜好作物是指以满足人类某种嗜好而栽培的一类植物。在中国常见的嗜好作物为烟草。烟草是茄科烟草属植物，一年生或有限多年生草本植物。原产于南美洲。在中国也有悠久的栽培和应用历史。烟草能制成卷烟、旱烟、斗烟、雪茄烟等供人吸食。虽然烟草给人类带了很多危害，甚至被称为"毒草"，许多国家或地区明文限制流通或抽吸，世界卫生组织成员还签署了《烟草控制框架公约》，但是，烟草尚有多种医疗用途。全株可药用，作麻醉、发汗、镇静和催吐剂，还可作为农药用于杀虫。

烟草

烟草（王元英摄）

2.9　芳香作物

芳香作物是指具有香气和可供提取芳香油而为人类栽培的一类植物。这类植物的根、茎、叶、花、果、种子中具有烃类的萜与氧化、硫化油成分，挥发到空气中呈芳香气味，可用以制造化妆品、食品或熏制茶叶。芳香作物给人心旷神怡的感觉，越来越多应用于人们的生活，常常被制作精油等。芳香作物提炼出的芳香油是香料工业和食品工业的重要原料和配料，在医药、烟草，以及油漆、油墨、皮革、塑料和纸张等日用工业中，亦有广泛用途。如薰衣草、水仙花、桂花、梅花和球茎茴香等。

薰衣草

2.10 园艺作物

园艺作物一般是指以较小规模进行集约栽培的具有较高经济价值的一类植物。园艺作物原指种植在有围篱保护的园圃内的植物，现代园艺作物泛指那些相对集约栽培的、具有较高经济价值、供人类食用或观赏的一类植物，主要包括果树、蔬菜、花卉、瓜类和食用菌等。园艺作物和人类的关系极为密切，是我们日常生活离不开的一类植物，也是人类较早栽培的一类植物。园艺作物既有乔木、灌木、藤本，也有一、二年生及多年生草本，还有许多真菌和藻类植物，资源十分丰富，种类极其繁多。随着人类文明的进步和科学技术的发展，还会有新的园艺作物不断被人类驯化和培育出来。

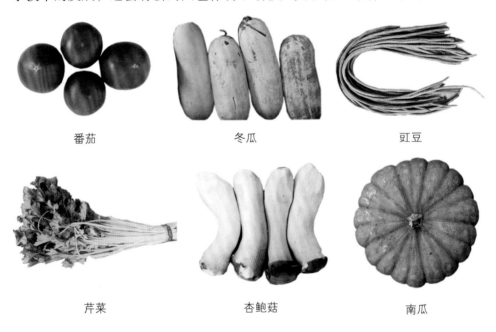

| 番茄 | 冬瓜 | 豇豆 |

| 芹菜 | 杏鲍菇 | 南瓜 |

2.11 其他作物

如橡胶。此类作物含有白色液体乳胶，名橡浆。其成分为水、碳氢化合物、树脂、油脂、蛋白质、糖和生橡胶，凝固后成为弹性、韧性很强的橡胶。橡胶对人类有很大的利用价值，是重要的工业原料。已经广为栽培的木本橡胶作物主要有大戟科的橡胶树，桑科的巴拿马橡胶树和印度橡胶树等。草本常见的有菊科的橡胶草和橡胶菊等。在美洲热带还有一种糖胶树，所产生的糖橡胶可制作口香糖。

云南西双版纳的橡胶林

3　饲料作物

　　饲料作物是指主要以生产畜禽饲料为栽培目的的一类植物。多数以植株全部作为饲料，如豆科的苜蓿、草木樨等，禾本科的黑麦草、无芒雀麦草、燕麦草和苏丹草等。其他如红萍、水葫芦等也可作为饲料作物。另外一些可以兼作饲料的作物，其种子和植株茎叶都可以作为饲料，如小黑麦、谷子、高粱、黑麦和大豆等。还有一些作物的茎叶及其块根都可作为饲料，如甘薯、甜菜、芜菁和胡萝卜等。

小黑麦

籽粒苋

4 绿肥作物

绿肥作物是指主要用于提供作物肥源、培肥和改良土壤为目的而栽培的一类植物。栽培绿肥以豆科作物为主，如紫云英、苜蓿、草木樨、柽麻、田菁、蚕豆、豌豆、秣食豆、苕子和紫穗槐等；非豆科作物有肥田萝卜和荞麦等；各种水生绿肥，如红萍和水葫芦等。根据农耕季节和人们的需要，在绿肥作物经过一定时间的生

紫花苜蓿

长后，将其绿色茎叶切断粉碎，直接翻入土中作为肥料，既可以节省人力，减少运输费用，也可以将其沤制成肥或用作堆肥。绿肥可以提供大量有机质和其他营养成分，能够改善土壤结构，促进土壤熟化，对培肥地力和改良土壤有很好的作用。

参考文献

高新一，王玉英.2003.植物无性繁殖实用技术[M].北京：金盾出版社.

秦路平，张德顺，周秀佳.2017.植物与生命[M].上海：上海世界图书出版公司.

田宝传，陶国富，黄晞建.1996.中国大学生百科知识[M].上海：同济大学出版社.

朱立新，李光晨.2015.园艺通论[M].北京：中国农业大学出版社.

精彩纷呈　尽收眼底

1　小麦

春风送暖起微澜，
万顷麦浪艳阳天。
回首田园无限意，
丰收沃野尽开颜。

1.1　小麦的起源与分布

　　小麦是小麦属植物的统称，代表种是普通小麦（学名：*Triticum aestivum* L.），属于禾本科作物。小麦是世界最古老的粮食作物之一，其栽培历史可追溯到大约12 000年前，在两河流域即底格里斯河与幼发拉底河的中下游地区，人类就开始种植小麦，只不过当时种植的是一粒系小麦。后来从一粒系小麦进化为二粒系小麦，又从二粒系小麦进化为现在的普通小麦。属于禾本科小麦属，小麦属中又分为若干不同的种。根据小麦染色体数的不同，小麦属中可分为二倍体小麦、四倍体小麦、六倍体小麦和八倍体小麦。常见的普通小麦只是小麦属中的一个种，而普通小麦为六倍体小麦。在世界小麦生产中，以普通小麦种植最为广泛，占全世界小麦总面积的90%以上；硬粒小麦的播种面积为总面积的6% ~ 7%。

　　小麦因其适应性强而广泛分布于世界各地，从内陆到海滨，从盆地到高原，均有小麦种植。但因其喜冷凉和湿润气候，主要在北纬67°到南纬45°，尤其在北半球的欧亚大陆和北美洲最多，其种植面积占世界小麦总面积的90%左右。年降水量小于230毫米的地区和过于

不同类型的穗

湿润的赤道附近种植较少。在世界小麦总面积中，冬小麦占75%左右，其余为春小麦。春小麦主要集中在俄罗斯、美国和加拿大等国，占世界春小麦总面积的90%左右。小麦种植面积较大的国家主要有中国、美国、印度、俄罗斯、哈萨克斯坦、加拿大、澳大利亚、土耳其和巴基斯坦等国，单产较高的国家主要集中在西欧。

小麦在我国有悠久的栽培历史，有考古资料证明，7 000多年以前中国已经有小麦种植。中国小麦分布地域辽阔，南界海南岛，北止漠河，西起新疆，东至海滨及台湾岛，遍及全国各地。从盆地到丘陵，从海拔10米以下低平原至海拔4 000米以上的西藏高原，从北纬53°的严寒地带，到北纬18°的热带区域，都有小麦种植。由于各地自然条件、种植制度、品种类型和生产水平的差异，形成了明显的种植区域。我国幅员辽阔，既能种植冬小麦又能种植春小麦。由于各地自然条件的差异，小麦的播种期和成熟期不尽相同。生育期最短在80天左右，最长的达到350天以上。春（播）小麦多在3月上旬至4月中旬播种，也有5月播种的，个别的还有推迟到6月上旬播种的春小麦。冬（秋播）小麦播种最早的在8月中下旬，最晚可迟至12月下旬。广东、云南等地小麦成熟最早，有的在3月初收获，随之由南向北陆续收获到7月、8月，但主产麦区冬小麦多数在5月至6月成熟，而西藏高原林芝地区可延迟至9月上旬，是中国小麦成熟最晚的地区，其秋播小麦从种到收有近一年时间。台湾省小麦一般在10月中下旬播种，翌年3月收获，所用品种为冬（秋）播春性小麦品种。因此，一年之中每个季节都有小麦在不同地区播种或收获。中国栽培的小麦以冬小麦（秋、冬播）为主，目前种植面积和总产量均占全国常年小麦总面积和总产的90%以上，其余

田间长势

为春（播）小麦，冬小麦平均单产高于春小麦。2019年，中国小麦播种面积3.6亿亩[①]左右，产量1.34亿吨左右。中国小麦主产区主要种植冬小麦，种植面积依次为河南、山东、安徽、江苏、河北、四川、湖北、陕西、新疆、山西和甘肃11个省（区），约占全国冬小麦总面积的95%。种植春小麦的主要有内蒙古、新疆、甘肃、青海、黑龙江、宁夏、河北和西藏等省（区）。

1.2 小麦的特征特性

小麦属于禾本科小麦属，董玉琛院士根据前人提出的小麦属内分系的方法，将形态分类与染色体组分类相结合，提出小麦属可分为5系22个种。但在我国栽培的小麦只有6个种，即普通小麦、硬粒小麦、圆锥小麦、密穗小麦、东方小麦和波兰小麦。目前生产中应用面积最大的是普通小麦。

籽粒

普通小麦。又叫软粒小麦，是我国分布最广、经济价值最高的一个种。其根系发达，入土较深，分蘖力强，生产上应用的品种株高多在70～100厘米。穗状花序，每小穗有3～9朵花，一般结实2～5粒，全穗结实可达20～50粒，个别品种在适宜条件下每穗可结实100粒以上，但是其单位面积的穗数明显减少。生产中有秋（冬）播和春播之分，秋（冬）播的称冬小麦，春播的称春小麦。在生育特性上有冬性、半冬性和春性之分。

硬粒小麦。植株较高，茎秆上部充实有髓。穗大，芒长（一般在10厘米以上）。籽粒多为长椭圆形，角质透明，千粒重较高，不易落粒。抗条锈病、叶锈病和黑穗病能力较强。在我国生产上主要为春播型。品质较好，适宜做通心粉和意大利面条。

圆锥小麦。一般植株高大，抽穗前植株呈蓝绿色，茎秆上部充实有髓。穗大而厚，有分枝和不分枝两种类型。籽粒较大，多呈圆形或卵圆形，顶端

---

① 1亩≈667平方米。15亩=1公顷，全书同。

呈截断状，粉质。一般晚熟，春性强，抗寒能力弱，抗条锈病能力强。

密穗小麦。密穗小麦茎秆矮而粗壮，不易倒伏。穗呈棍棒或橄榄状，侧面宽于正面，小穗排列紧密，与穗轴呈直角着生。在形态上和生态上都具有多样性。株高多在70～170厘米，单株有效分蘖较多，多数表现为穗粒数较多，千粒重较低。有的材料较早熟和耐低温，有的蛋白质含量高，品质较好。在我国甘肃河西走廊、新疆、青海、陕西、云南和西藏曾有种植，有冬性、弱冬性和春性之分。在我国河西走廊种植的品种抗干旱能力强。

东方小麦。在形态和生态上与硬粒小麦相似，但其小穗较长而排列较稀。每小穗3～5花，结实3～4粒。护颖和内外稃长形。植株较高，一般株高100～130厘米，穗轴坚韧不易折断。籽粒长形，较大。面粉做通心粉品质好，烘焙品质也较好。一般为春性或弱冬性，抗寒性和抗旱性较弱。

波兰小麦。茎秆高大，株高120～160厘米，茎秆上部充实有髓。幼苗直立，分蘖较少，叶色绿或浅绿，叶片长而披垂。大部分品种具细软长芒，但中国新疆的诺羌古麦为特有的无芒类型。穗较长，小穗排列松散，穗轴坚韧。小穗基部具明显颖托。颖壳（稃）多为白色。籽粒长形，较大，硬质，蛋白质含量较高，春性强。

目前世界上小麦品种大约有25 000种。

丰收的麦田

成熟的麦穗

1.3 小麦的经济价值

小麦是世界上第一大粮食作物，是人们最主要的食物来源。小麦的颖果是人类最重要的主食。我国是世界第一小麦生产大国和消费大国，小麦目前在我国是仅次于玉米和水稻的第三大粮食作物，是最重要的口粮作物之一。小麦生产对我国粮食安全和国民经济发展具有举足轻重的作用。随着社会的发展和科学的进步，在国家一系列重大科技政策支持和惠农政策的激励下，我国小麦科学研究取得了重要进展，技术水平有了很大提高，小麦生产取得了令人瞩目的成绩。

小麦对人类生活有重要的经济价值。小麦籽粒磨成面粉后可制作面包、馒头、面条、方便面、饼干、糕点、油条、油饼、火烧、大饼、煎饼、水饺、包子、馄饨以及西方人喜食的披萨饼等各种各样的食品；而硬粒小麦的面粉可以制作西方国家人民喜爱的硬粒小麦面条和通心粉等食品。浮小麦（未成熟的籽粒）还可以作为中医药的材料，小麦苗汁还是近年来流行的健康食品之一。小麦籽粒磨粉后的副产品麦麸可以作为家禽、家畜的精饲料。小麦还可以作为酒、酱油、食醋、麦芽糖、麦曲（酒曲的一种）等产品的原料。小麦籽粒中含有丰富的碳水化合物、蛋白质、脂肪、维生素和多种对人体有益的矿质元素，易加工、耐储运，不仅是世界多数国家各种主食和副食的加工原料，还是各国的主要储备粮食及世界粮食贸易的主要品种。小麦的加工产品几乎全作食用，仅有很少的一部分作为饲料。

参考文献

金善宝. 1986. 中国小麦品种志[M]. 北京：农业出版社.

金善宝. 1990. 小麦生态研究[M]. 杭州：浙江科学技术出版社.

金善宝. 1996. 中国小麦学[M]. 北京：中国农业出版社.

赵广才. 2018. 小麦优质高产栽培理论与技术[M]. 北京：中国农业科学技术出版社.

2 玉米

玉米丰收饱饭牛，
农稼乐事绣地球。
喜逢春光无限美，
再迎秋色尽优游。

2.1 玉米的起源与分布

玉米（学名：*Zea mays* L.）是禾本科的一年生草本植物，又名苞谷、苞米、棒子、玉蜀黍、珍珠米等，原产于拉丁美洲的墨西哥和秘鲁一带。玉米同其他主要禾谷类作物一样，也是一种驯化作物。人类栽培玉米的历史大约有7 000多年，从野生状态改造成栽培类型经过了四五千年。1492年哥伦布到达美洲时，发现印第安人以玉米作为食物，随后把玉米带回欧洲，逐渐在世界范围内传播和种植。玉米的生长对于自然条件的要求不严格，能够适应大多数的环境，一定程度上喜热。玉米是世界上分布最广的作物之一，从北纬58°到南纬40°的地区均有大量栽培，广泛分布在热带和温带地区。世界玉米的种植面积仅次于小麦、水稻，居第三位。种植面积最大、总产量最多的国家依次是美国、中国、巴西、阿根廷、乌克兰、墨西哥和俄罗斯等。

玉米传入中国已有500多年历史，是中国第一大粮食作物，2019年种植面积6.2亿亩，产量2.6亿吨，面积和产量均居三大粮食作物之首。我国玉米主要产区在东北、华北和西南地区。播种面积较大的省份依次是黑龙江、吉林、山东、河南、内蒙古、河北、辽宁等地。我国还将玉米分为六个种植区：即北方春播玉米区、黄淮海平原夏播玉米区、西南山地玉米区、南方丘陵玉米区、西北灌溉玉米区、青藏高原玉米区。北方春播玉米区以东北3省、内蒙古、宁夏为主，总产量占全国的40%左右；黄淮海平原夏播玉米区以山东、河南全省，河北中南部，江苏和安徽的北部，以及山西运城、陕西关中地区为主，总产量占全国的34%左右；西南山地玉米区以四川、云南、贵州为主，总产量占全国的18%左右；南方丘陵玉米区以广东、福建、台湾、浙江、江西为主，总产量占全国的5%左右；西北灌溉玉米区以新疆、甘肃为主，总产量占全国的3%左右；青藏高原玉米区以青海、西藏为主，总产量不足全国的1%。

玉米田（马兴林供图）

2.2　玉米的特征特性

玉米是一年生雌雄同株异花授粉的植物，植株高大，一般可达1～4米，茎秆强壮，直立，通常不分枝，基部茎节具有多层气生根，起到吸收养分水分和支撑作用。玉米籽粒由种皮、胚乳和胚三部分组成。成熟籽粒胚乳的颜色一般是黄色或白色，种皮和糊粉层没有颜色，呈透明状。根据籽粒的颜色不同，主要分为黄玉米、白玉米，还有一些黑色、红色及混合色等玉米。按植株高度分为高秆型（植株高于2.5米）、中秆型（株高2～2.5米）和矮秆型（株高2米以下）3种，根据玉米籽粒形态、硬度及不同用途，将玉米分为普通玉米（硬粒型、中间型、马齿型）和特用玉米（甜玉米、糯玉米、高赖氨酸玉米、爆裂玉米、高油玉米）两种。

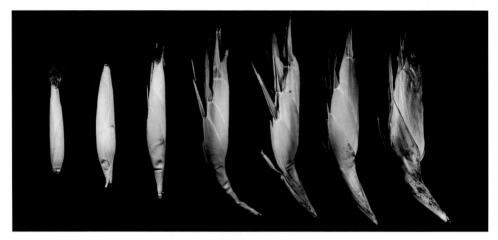

带包叶的玉米果穗（明博供图）

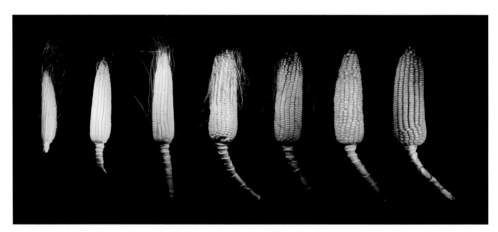

玉米果穗（明博供图）

玉米果穗断面（明博供图）

玉米起源于热带，适应性非常强，属喜温作物，生长阶段的最适日均温为20～26℃，低于20℃时玉米的产量会严重下降。玉米是短日照作物，最适日照为12～15小时，一般需求为8～12小时。晚熟品种一般比早熟品种对光照长度更加敏感，南方培育的品种比北方培育的品种更为敏感。如果将偏南地区的品种种植在北方，伴随日照加长、气温降低，玉米的生育期也会延长，植株随之充分生长（并在秋季低温前成熟），最终产量也会得到较大提升；反之，则会降低玉米产量。

2.3　玉米的经济价值

玉米不但是人类的粮食，也是优质饲料。它的籽粒、茎秆、穗轴、苞叶和花丝等也是轻工、化工和医药工业的重要原料，加工增值的效益显著。玉米籽粒具有很高的营养价值，含有脂肪、蛋白质、碳水化合物、维生素、纤维素、钙、铁、磷、尼克酸和核黄素等多种成分。普通玉米主要作为粮食和饲料。玉米可以磨成玉米面粉，做成窝头、烤饼、玉米面包子、玉米面粥，又可以磨成玉米糁，做玉米糁粥食用。经过深加工，还可以制成粉条、粉丝、膨化食品和各种糕点等，不仅香甜适口，而且提高了消化吸收率，具有较高的营养价值。经过工业深加工可以制成玉米淀粉、异构糖、食用油和酒精等多种工业原料。目前我国生产的普通玉米主要用作饲料，有力地促进了我国畜牧业的发展。

玉米胚乳中淀粉的纯度高达99.5%，颗粒紧密，是500多种工业品的原料，如用于制造有机酸、醇、葡萄糖、青霉素、土霉素、赖氨酸、维生素C、味精和柠檬酸等。相关研究发现，用玉米籽粒生产淀粉可使玉米的经济效益提高20%。

玉米淀粉可生产异构糖，其甜度与蔗糖相似，糖分组成与蜂蜜接近，被誉为人造蜂蜜，营养丰富，易被人体吸收，广泛应用于面包、糕点等食品中，对糖尿病、肝炎、肥胖症等患者都很适用。

玉米胚芽的含油量高达47%。一般每100千克玉米可出胚芽9千克，每100千克胚芽可榨油15～20千克。胚芽榨油后，还可得到胚芽粉或胚芽分离蛋白产品。玉米胚芽粉为奶油色，蛋白质含量25%，可作食品的营养增强剂或饲料。玉米油含有维生素E、酶和大量不饱和亚油酸，对心脑血管疾病的防治以及抗衰老等方面具有一定功效，被称为"健康营养油"。

玉米蛋白的主要存在形式有玉米醇溶蛋白、玉米谷蛋白2种，它们都是水不溶性蛋白。玉米醇溶蛋白湿润性、黏结性、持水力和成膜性良好，可以作为药片的包衣，隐藏药片本身的气味，也能够使药片的坚硬程度增强一倍，还有防潮、防静电、保鲜、抗氧化和一定的抑菌作用，在食品、药品和生物降解行业具有良好的发展潜力。

我国用玉米酿酒的历史悠久。玉米不但可以酿造白酒，还可酿造黄酒、啤酒和高纯度的酒精。玉米淀粉适合于酿造淡爽型啤酒和高辅料的啤酒，由于脂肪和蛋白质含量很低，可延长啤酒的储藏期，提高啤酒气味的稳定性。

普通玉米以外的类型即为特用玉米，具有较高的经济价值、营养价值或加工利用价值。尤以甜玉米和糯玉米较为常见。甜玉米又称水果玉米，可分为普甜玉米、加强甜玉米和超甜玉米3类。甜玉米蔗糖含量是普通玉米的2~10倍，既可以煮熟后直接食用，又可以制成各种风味的罐头、加工食品和冷冻食品。甜玉米在发达国家销量较大。糯玉米又称黏玉米，具有较高的黏滞性及适口性，可以鲜食、制罐头和做糕点等，由于食用消化率高，还可用于饲料。此外，还有赖氨酸含量在0.4%以上的高赖氨酸玉米（普通玉米0.2%），也称优质蛋白玉米，营养价值很高，相当于脱脂奶。高赖氨酸玉米用于养猪，猪的日增重较饲喂缺乏赖氨酸的饲料提高50%~110%。爆裂玉米可以制成爆米花，是人们喜爱的零食。高油玉米由于籽粒胚芽中脂肪含量较高，提取玉米油的生产效率较高，在玉米制油方面价值较大。

参考文献

董钻.1984.源远流长话玉米[J].新农业（17）：10-11.

马先红.2019.玉米的品质特性及综合利用研究进展[J].粮食与油脂，32（1）：1-3.

宋同明.1996.发展我国特用玉米产业的意义、潜力与前景[J].玉米科学（4）：6-11.

唐祈林，荣廷昭.2007.玉米的起源与演化[J].玉米科学，15（4）：1-5.

于光.1985.玉米的经济价值[J].河北农业科技（12）：2-3.

张以秀.2016.我国玉米种植分布与气候关系研究[J].乡村科技（1）：22-23.

3　水稻

十里稻花香满天，
小桥流水美田园。
明朝又作江南客，
佳肴美酒伴米醋。

3.1　水稻的起源与分布

水稻通常特指原产于亚洲的栽培稻（*Oryza sativa* L.），已被种植在除南极洲外的所有大陆，为世界一半以上人口提供主要食物，是目前世界上最重要的粮食作物之一。稻属包含21个野生种及2个栽培种，栽培种分别为亚洲栽培稻（*Oryza sativa* L.）和非洲栽培稻（*Oryza glaberrima* Steud.）。亚洲栽培稻也称普通栽培稻，起源于野生稻，起源中心位于中国，现分布在世界各地，占水稻栽培面积的99%以上。非洲栽培稻又名光稃栽培稻，起源于非洲的短舌野生稻，起源中心位于非洲尼日尔河三角洲，现仅分布于西非，占水稻栽培面积不足1%，丰产性差，但耐贫瘠。

关于水稻的起源，一直是各国学者争论的焦点，曾有起源于中国、印度等不同说法。1993年，中美联合考古队在道县玉蟾岩发现了世界最早的古栽培水稻。水稻的栽培历史可追溯到公元前16 000年—公元前12 000年的中国湖南。考古学家相继发现水稻遗存的遗址包括江西省的仙人洞遗址和吊桶环遗址以及浙江省的上山遗址，均距今约1万年。2011年，中美科学家通过对水稻基因组进行大规模的重测序（gene resequencing）发现，水稻起源于中国，可能最早出现在8 200 ~ 13 500年前的中国长江流域，从而推翻了驯化水稻可能有两个起源——印度和中国的多源论观点，更证实了水稻起源于中国的说法。因此，我们的祖先早在1万多年以前已经开始驯化和栽培野生稻，而在距今7 000多年以前，水稻生产技术已达到相当高的水平，史记中记载大禹时期曾广泛种植水稻。水稻在中国广为栽种后，逐渐向西传播到印度，中世纪传入欧洲南部。

水稻（韩龙植供图）

目前，水稻在我国分布范围很广，从热带地区的海南省到严寒带的黑龙江省都有水稻种植。主要产地有东北地区、长江流域和珠江流域，全国水稻每年播种总面积在4.5亿亩左右，除青海省外，其他省（自治区、直辖市）都有水稻种植，其中以湖南的种植面积最大，以下依次为黑龙江、江西、安徽、湖北、江苏、四川、广东、广西等。

除了栽培稻，世界上还有21种野生稻。野生稻属于多年生水稻，国内野生稻可分为普通野生稻、药用野生稻和疣粒野生稻三类。据统计，目前全球已收集和保存的稻种资源约77万份，其中在我国作物种质库保存的稻种资源有8万余份，这些丰富的稻种资源将为世界水稻育种和粮食生产奠定坚实的物质基础。

3.2　水稻的特征特性

水稻是禾本科草本稻属一年生单子叶植物。茎秆直立，株高0.5～1.5米。叶片细长，花朵小不易发觉，开花时成拱形。稻叶在幼苗时，跟一些禾本科杂草非常相似，均为长扁型，农民根据稻叶特殊的叶耳与叶舌来区分。叶耳是稻叶叶环的两端长出耳状之物，叶舌则是稻叶叶环内长出的薄膜。稻叶的叶脉是平行的，中央有很明显的中脉，呈绿色，边缘或尖端有时也会有紫色色素。水稻的根是须根系，呈胡须状，细短而多。水稻为自花授粉作物，成熟后的种子多具细毛，称为稻芒。

水稻喜高温、多湿环境，开花最适温度30℃左右，低于20℃或高于40℃，授粉会受到严重影响。相对湿度50%～90%为宜。生育期短的不足100天，长的超过180天，其中幼穗分化至成熟一般60～70天，其余时间为营养生长期。所以，品种生育期长短的差异主要在于营养生长期的长短。种子由外而内分别有稻壳

正在灌浆的稻穗

（颖）、糠层（果皮、种皮、糊粉层的总称）、胚及胚乳等部分。种子伸出幼芽的时间仅需两三天，幼芽抽出第一片叶子只需要三天，因此在气候温和的地区，一年可种三季稻。农民选稻种时，多会将其泡在水中，轻而浮起的稻种会被淘汰，剩下来的就会培育成稻苗。据统计，每形成1千克稻谷需水500～800千克。可见，水稻是需水量较大的作物。水稻所结子实即稻谷，稻谷脱去颖壳后称糙米，糙米碾去麸皮层即可得到大米。

水稻按稻谷类型可分为籼稻和粳稻，其中又可进一步分为早稻、晚稻、中晚稻，糯稻和非糯稻。籼稻含20%左右的直链淀粉，属于中黏性，种植于热带和亚热带地区，生长期短，在无霜期长的地方一年可多次种植和收获。去壳成为籼米后，外观细长、透明度低。有的品种表皮发红，如中国江西出产的红米，煮熟后米饭较干、松。通常用于制作萝卜糕、米粉、炒饭。粳稻的直链淀粉含量一般少于15%。种植于温带和寒带地区，生长期长，一般一

年只能成熟一次。去壳成为粳米后，外观圆短、透明（部分品种米粒有局部白粉质）。煮食特性介于糯米与籼米之间，用途为一般食用米。早、中、晚稻的根本区别在于对光照反应的不同。早、中稻对光照反应不敏感，在全年各个季节种植都能正常成熟，晚稻对短日照很敏感，严格要求在短日照条件下才能通过光照阶段，正常抽穗结实。

丰富多样的水稻资源（韩龙植供图）

3.3　水稻的经济价值

　　水稻是世界三大粮食作物之一，目前是我国第二大粮食作物，是口粮中主要的消费品种。我国稻作面积约占世界稻作总面积的1/4，占全国粮食播种面积的1/3，而产量占世界稻谷总产量的37%，占全国粮食总产量的36%。水稻含有大量的淀粉，6.5%～9%的蛋白质，品质细腻，易消化且营养丰富，是人们喜欢的细粮，在西方更认为大米是一种美容食品。除可食用外，还可以作为酿酒、制糖的工业原料，稻壳、稻秆可以作为饲料，米糠可以榨油，也是优良的精饲料，稻草可用于编织、造纸等。

　　水稻不仅用途多，而且具有优良的生产特性，它是著名的高产作物，亩产通常都能达到400千克及以上。而且，我国科学家袁隆平成功培育的杂交水稻，单产超过了1 000千克/亩，显著提高了水稻产量，不仅满足人们的食用需求，而且提高了农民的经济效益。水稻也是改良盐碱地的先锋作物，经济价值也较高，是增加收入、改善人民生活的重要作物。2019年，由袁隆平院士带领的青岛海水稻研发中心，成功培育了海水杂交稻品种，使其可以抗6‰海水浓度，亩产在300千克以上。通过推广种植海水稻，让亿亩荒滩变粮仓，一直是袁隆平院士的一大期待。研发中心计划在10年之内发展耐盐碱水稻1亿亩，每年可生产300亿千克粮食，养活8 000万人口。

参考文献

景春艳，张富民，葛颂. 2015. 水稻的起源与驯化——来自基因组学的证据[J]. 科技导报，33（16）：27-32.

王象坤，孙传清，才宏伟，等. 1998. 中国稻作起源与演化[J]. 科学通报，43（22）：2 354-2 363.

俞良，潘斌清，王小虎，等. 2017. 水稻的起源及驯化相关基因克隆研究进展[J]. 上海农业科技（3）：18-21.

Jiang L，Liu L. 2006. New evidence for the origins of sedentism and rice domestication in the Lower Yangzi River，China[J]. Antiquity，80（308）：355-361.

Molina J，Sikora M，Garud N，et al. 2011. Molecular evidence for a single evolutionary origin of domesticated rice[J]. Proceedings of the National Academy of Sciences，108（20）：8 351.

Zhao Z J. 1998. The Middle Yangtze region in China is one place where rice was domesticated：Phytolith evidence from the Diaotonghuan Cave，Northern Jiangxi[J]. Antiquity，72（278）：885-897.

4 小黑麦

小麦黑麦做杂交，
创造物种奇迹肖。
籽粒茎秆皆为宝，
粮饲兼用两相邀。

4.1 小黑麦的起源与分布

　　小黑麦是由小麦属（*Triticum*）和黑麦属（*Secale*）物种经属间有性杂交和杂种染色体数加倍而人工结合成的新物种。其英文名称是由小麦属名的字头和黑麦属名的字尾组合而成，1935年起已成为国际上的通用名称。中国对小黑麦的育种研究始于1951年，当时鲍文奎、严育瑞认为人工合成的八倍体小黑麦如通过常规杂交育种来改进其性状品质，缺乏足够数量的杂交组合，而用易与黑麦杂交的小麦品种"中国春"作为桥梁与各种普通小麦品种杂交，再以杂种第1代或第2代作母本与黑麦杂交，不但克服了属间杂交的障碍，而且可使获得的每粒杂交种子经染色体加倍后都成为潜在的小黑麦原始品

小黑麦的麦穗

系，从而极大地丰富了小黑麦的人工资源和可能配组的杂交组合。1964年，从八倍体小黑麦杂交组合后代中已能选出结实率达80%左右、种子饱满度达3级水平的选系。1973年选育的小黑麦2号、3号等试种成功，首次将育成的八倍体小黑麦应用于生产实践，既表现出小麦的丰产性和优良品质，又保持了黑麦抗逆性强和赖氨酸含量高的特点，且能适应不同的气候和环境条件，是一种很有前途的粮食、饲料兼用作物。目前小黑麦在欧洲、美洲、亚洲都有种植，主要在波兰、爱沙尼亚、独联体国家和加拿大种植。中国西南山区、西北地区、华北地区、东北地区、青藏高原和黄土高原也有种植。

4.2　小黑麦的特征特性

　　小黑麦外部形态介于双亲之间，而偏于小麦。须根系和分蘖节较小麦发达，增强了植株的耐旱耐瘠能力。一般植株高于小麦，粮饲兼用型或饲用型的小黑麦株高可达1.5米以上。分蘖节成球状体，贮藏营养物质多，分化健壮新器官的潜力也比小麦强；各节长度和直径一般大于小麦。叶片较小麦长而厚，叶色较深。麦穗和颖果均比小麦大，籽粒红色或白色。果皮和种皮较厚，因而休眠期长于小麦，一般遇雨不易在穗上发芽，且对胚和胚乳有较强的保护作用。耐寒性较强，在海拔2 400米的西南高寒地区能安全越冬。耐瘠、耐旱、耐干热风和耐阴力强，在气候条件多变、水肥条件较差的高寒地区，能显示其稳产优势，抗病性也较小麦强。

小黑麦开花

4.3 小黑麦的经济价值

小黑麦最突出的优点就是生物量较高，是极好的畜禽饲料作物。青贮青饲产量多达每亩3吨以上，干草产量多在1吨以上。小黑麦籽粒和茎叶的蛋白质及赖氨酸含量明显高于小麦、玉米、高粱和燕麦，且较为均衡，营养品质较好而茎叶中性及酸性洗涤纤维含量较低，营养丰富，可作精饲料。一般用作青饲料的小黑麦应选择在开花前刈割，此时鲜草量高、草质鲜嫩、适口性好。作为鲜饲料，还可以根据需要选

小黑麦

择适当刈割多次，广受畜牧业生产经营者的欢迎。用小黑麦面粉加工制成的面包、馒头、麦片和面条等，品质均佳。此外，小黑麦的抗病虫、抗寒、耐旱、耐盐碱和耐瘠薄等能力强，适应性广，与小麦可杂交性好，有利于小麦优异育种材料的培育。近年来，中国农业科学院作物科学研究所选育了一批粮饲兼用、高产优质的小黑麦品种，促进了小黑麦产业的发展。

参考文献

孙建勇，刘萍.2015.小黑麦综合利用概述[J].大麦与谷类科学（4）：12-13.

赵方媛，曲广鹏，田新会，等.2018.饲料型小黑麦品系籽粒产量及其营养价值研究[J].草地学报，26（6）：1 374-1 381.

5　黑麦

黑麦田园不胜情，

茎叶繁茂戏东风。

何须更问农稼事，

粮饲兼得一身轻。

5.1　黑麦的起源与分布

黑麦（学名：*Secale cereale* L.）是禾本科黑麦属（*Secale*）一年或越年生草本植物。原产于亚洲中部及西南部，在欧洲大量种植。北欧和北非是黑麦的主要产区，如德国、波兰、俄罗斯、土耳其和埃及等国都有相当大的种植面积。在中国黑麦主要分布在云南、贵州、内蒙古、甘肃、新疆，以及华北和西北农牧交错带，这些地区干旱少雨或寒冷，而黑麦的耐寒和耐旱能力均较强，因而适宜种植黑麦。

5.2　黑麦的特征特性

黑麦为异花授粉作物，株高可达1.5米以上，叶片宽大。黑麦属除了包括普通黑麦（*S. cereale*），还包括山地黑麦（*S. montanum*）、非洲黑麦（*S. africanum*）、瓦维洛夫黑麦（*S. vavilovii*）和森林黑麦（*S. sylvesire*）5个种。黑麦属属于禾本科小麦

黑麦植株

族小麦亚族，是小麦的三级基因源，蕴藏着丰富的遗传资源，具有许多普通小麦所不及的优良性状，如抗逆性强、抗白粉病、锈病、腥黑穗病和大麦黄矮病及蚜虫等多种病虫害，根系发达、分蘖能力强、穗大、小穗多、籽粒中赖氨酸和蛋白质含量高等，是改良普通小麦产

黑麦

量、抗逆性和抗病性的重要基因资源，也是目前用于小麦遗传改良最成功的物种之一。黑麦可在秋季播种，冬春季割草利用，苗期生长非常旺盛，播种4～6周后就可刈割或放牧利用，以后每隔20～30天收割一次。在南方整个冬闲期，可割草4～5次。在生长条件较好时，每亩可以产鲜草1 500千克以上，每亩产干草600千克以上。

5.3 黑麦的经济价值

黑麦因比其他谷类食品含有更多的膳食纤维和更少、更优质的脂肪含量，而被认为是一种健康的谷类食品。黑麦籽粒磨成的面粉可以加工成面包、面条、饺子和饼干等食品。用黑麦还可以酿造啤酒。

黑麦草质柔嫩，适口性好，营养价值高，富含多种矿物质和微量元素，且粗纤维含量较低、产草量高，可以作为青贮饲料或干饲料，是牛、羊、兔、猪、鹅和鱼等喜食的牧草。家畜家禽喂食这种草，不但提高了日增重，还节约了精饲料，降低了养殖成本。

参考文献

曹新有，陈雪燕，陈朝辉，等. 2014. 黑麦属优异基因在小麦改良中的研究与应用[J]. 农业生物技术学报，22（8）：1 035-1 045.

尚海英，郑有良，魏育明，等. 2016. 黑麦属基因资源研究进展[J]. 麦类作物学报，23（1）：86-89.

6　青稞

雪域高原自相宜，
青稞美酒醉卧席。
酥油糌粑甘食味，
藏族同胞心似馅。

6.1　青稞的起源与分布

青稞（英文名：hullessbarley；学名：*Hordeum vulgare* Linn. var. *nudum* Hook. f.）是禾本科大麦属的一种禾谷类作物，也叫裸大麦、米大麦、元麦、淮麦，是大麦的一种特殊类型，因其内外颖与颖果分离，籽粒裸露，故称裸大麦。据科学考证，青藏高原是世界上最早种植青稞的地区，约有3 500年的历史。青稞主要生长在海拔为4 000～5 000米的高原地区，是藏族人民的主要食物和酿造青稞酒的主要原料，几千年来在青藏高原上形成了内涵丰富、极富民族特色的青稞文化。

青稞其实是青藏高原人民给裸大麦起的名字，由于其适应性广、抗逆性强、产量稳定，种植区逐步扩展到全国各地。现今主要分布在西藏、青海、四川省甘孜和阿坝藏族自治州、甘肃省甘南藏族自治州以及云南、贵州的部分地区。

来自西藏的青稞

6.2 青稞的特征特性

青稞株高约1米，穗长4～8厘米（芒除外），穗上具长芒，一般芒长可达10厘米以上。青稞是一种很重要的高原谷类作物，喜温凉气候，生育期短，高产早熟，适应性广。青稞特别耐寒，是青藏高原一年一熟高寒农业区的标志性粮食作物。在海拔4 500米以上的局部高海拔高寒地带，在广袤的草原深处，青稞是唯一可以正常成熟的作物，是谷地、湖盆种植的重要粮食作物。据其棱数，可分为二棱裸大麦、四棱裸大麦和六棱裸大麦，我国主要以四棱裸大麦和六棱裸大麦为主，其中西藏主要栽培六棱裸大麦，而青海主要以四棱裸大麦为主。

来自云南的青稞

6.3 青稞的经济价值

几百年前，藏民的祖先还在用青稞酿制青稞酒、磨制糌粑，如今在现代科技的催生下，不仅酿出了甘甜爽口的青稞啤酒，而且还加工出了青稞麦片。目前，对青稞加工利用主要是制作青稞酒、动物饲料以及粮食加工制品。青稞是藏族人们的主要粮食，青稞籽粒磨成的面粉，是西藏四宝之首糌粑的主要原料。糌粑实际上就是青稞炒面。糌粑营养丰富，营养价值比稻米、玉米和一般小麦还要高，热量大，可充饥御寒。糌粑携带方便，适于牧民生活。青稞在食品加工中具有较大的潜力，开发的产品有青稞面条、青稞饼干、青稞麦片、青稞米花、青稞面包、青稞奶茶、青稞酥油茶、青稞咖啡、青稞蛋糕以及青稞披萨等。

青稞还是一种很好的饲料作物，营养丰富，饲喂品质好，它在谷物饲料中的地位仅次于玉米，用青稞作猪饲料可取得脂肪硬度大、瘦肉多、品质好的效果，青稞秸秆质地柔软，富含营养，是牛、羊、兔等食草性牲畜的优质饲料，也是高寒阴湿地区冬季牲畜的主要饲草。

青稞极具酿酒价值，蛋白质含量适中，青稞麦芽的浸出率较高，可以替代传统的酿造原料普通大麦。藏族人民饮用青稞酒的历史源远流长，青稞酒的制作工艺很独特，色泽橙黄，味道酸甜，酒精成分很低。青藏高原海拔高，气候寒冷，居住在这里的人对酒的需求量较大。

青稞的营养价值和医药保健作用较为突出。青稞具有"三高两低"（高蛋白、高纤维、高维生素和低脂肪、低糖）的结构组成，是麦类作物中β-葡聚糖含量最高的农作物（β-葡聚糖含量是小麦的50倍，具有抗癌、降血脂、清肠、调节血糖、降低胆固醇以及提高免疫力等功效），其淀粉及蛋白质含量较高，含有18种氨基酸，尤以人体必需氨基酸较为齐全，是很好的营养保健食品。据《本草拾遗》记载：青稞，下气宽中、壮精益力、除湿发汗、止泻。藏医典籍《晶珠本草》更把青稞作为一种重要药物，用于治疗多种疾病。藏族同胞之所以能在缺少瓜果蔬菜的高寒地区得以生存，而且高血脂、糖尿病的发病率明显低于内地，这与常食青稞以及青稞突出的保健功能是分不开的。

参考文献

包雪梅，谢惠春.2019.青稞主要成分及其应用的研究进展[J].现代食品（2）：52-56.

郭效瑛，赵曼.2018.青稞保健功能产品开发研究国内现状[J].农产品加工，466（20）：63-67，71.

江春艳，严冬，谭进，等.2010.青稞的研究进展及应用现状[J].西藏科技（2）：14-16.

吕远平，熊茉君，贾利蓉，等.2005.青稞特性及在食品中的应用[J].食品科学，26（7）：245-249.

7 高粱

田园美景多奇异，
长短肥瘦不看齐。
茅台佳酿高粱梦，
粮饲酒料皆相宜。

7.1 高粱的起源与分布

高粱〔*Sorghum bicolor*（L.）Moench〕是世界上的第五大禾谷类作物，其种植面积仅次于小麦、水稻、玉米和大麦。作为一种古老的禾本科植物，在中国至少有5 000年的种植历史。高粱在中国经过长期的栽培驯化，逐渐形成独特的高粱品种，许多农艺性状显著不同于非洲起源的高粱品种。中国高粱的叶脉多为白色，气生根发达，茎成熟后含糖量很少，籽粒被颖壳包被的部分较少，所以很容易脱粒，得到的高粱米米质优良。然而，关于高粱的起源和进化问题一直有两种说法，一说由非洲或印度传入，二说中国原产，但是许多研究者认为高粱原产于非洲。目前可以收集到的野生种高粱，几乎都来源于非洲。人类最早出现的食用高粱是考古学家在莫桑比克的一个溶洞中发现的，距今已有10.5万年之久，随后传入印度，再到东亚和东南亚。世界上高粱分布广，形态变异多，非洲是高粱变种最多的地区。高粱在热带和亚热带地区、

高粱（高秆）

温带地区广泛种植，是一种抗旱、耐涝和耐盐碱的作物。高粱的主产国有美国、阿根廷、墨西哥、印度、中国、巴基斯坦、尼日利亚和苏丹等，是30多个非洲国家500多万非洲人民的主要食物来源。在中国主要分布在东北、华北、西北和黄淮流域的温带地区。

7.2　高粱的特征特性

高粱是禾本科一年生草本植物，茎秆粗壮，根系发达，具有多层起支撑作用的气生根，既抗旱又耐涝。高粱植株因品种不同而高矮差异很大，有些品种株高在1.2米左右，有些品种株高可达3~5米。高粱的叶片形状与玉米相似，没有结穗前较难区分，一个简便的方法是用手触碰叶片，玉米叶子摸上去有一些浅浅的茸毛，而高粱的叶摸上去是光滑的。高粱喜温、喜光，并有一定的耐高温特性，全生育期适宜温度20~30℃。高粱是C_4作物，全生育期都需要充足的光照。

红高粱（矮秆）

高粱籽粒有红、白之分。红者又称为酒高粱，主要用于酿酒，白者用于食用，性温味甘涩。由于高粱淀粉中直链淀粉和支链淀粉的比例不同，高粱还可以分为糯性（黏性）和非糯性两种。按性状及用途可分为食用高粱、酒用高粱、糖用高粱、饲用高粱和帚用高粱等不同类型。

7.3　高粱的经济价值

高粱在非洲很多国家都作为主要的粮食，在中国、印度、朝鲜和俄罗斯等国也

高粱（酿酒用品种）

把高粱作为粮食之一。高粱脱壳后即为高粱米，俗称蜀黍、芦稷、荻草等，可以做高粱米粥、高粱米饭等，其中高粱米水饭是东北地区深受喜爱的一种夏季祛暑食物。籽粒磨成面粉后可制作面条、面卷、煎饼、蒸糕和饺子等食品，糯性的高粱面粉还可以制作黏糕（年糕）。

高粱籽粒中除了含有淀粉、蛋白质和矿物质外，还含有一种叫单宁的特殊物质，单宁不仅能抑制发酵过程中的有害微生物，还能提高出酒率，更能增加酒的香味，因此高粱是酿酒的最好原料之一。中国的茅台、五粮液、剑南春和北京二锅头等名酒都是以高粱为主要原料酿制而成。

糖用高粱即甜高粱，茎秆中含糖量较高，可以专门用来榨糖，其品质堪比甘蔗榨出的蔗糖。糖用高粱茎秆甜度似甘蔗，因此可以用来当作水果生食，也有少量进入市场销售。饲用高粱的鲜嫩茎秆和叶片可以用来做青贮饲料，成熟后籽粒也可做精饲料。帚用高粱是利用高粱穗脱粒后剩下的穗轴和小穗，做家用的扫地笤帚，或厨房刷锅刷碗用的炊帚，非常环保。此外，高粱还有一定的药用价值。高粱米具有和胃消积、温中涩肠、止霍平乱的功效，主治脾虚湿困，消化不良及湿热下痢，小便不利等症。

除了以上的传统应用，高粱还可以作为食品添加剂、造纸工业及生产乙醇的原材料。高粱颖壳多为深红褐色，其中含有丰富的高粱红色素，不仅安全无毒，可作天然的色素食用，而且具有很强的抗氧化活性，已被我国国家标准列入食品添加剂目录。高粱的茎叶中纤维素的含量一般在14%~18%，是非常适合造纸的原料，高粱茎秆经过加工压制可以制成板材，具有质地轻、强度高、隔热性能好等特性，更重要的是可以节省木材，保护森林资源。高粱还可作为新能源原料，用来生产燃料乙醇。

参考文献

梁雪飞. 2016. 高粱生长习性及需肥特点[J]. 农业开发与装备（8）：117.

鲁巍，程哲明. 2002. 甜高粱制糖大有作为[J]. 中国糖料（1）：37-39.

卫斯. 1984. 中国高粱的起源[J]. 中国农史（2）：45-50.

吴琼. 2004. 高粱红色素抗氧化作用的研究[D]. 长春：吉林农业大学.

张若辰. 2014. 高粱中抗性淀粉的研究[D]. 济南：齐鲁工业大学.

8　谷子

谦卑谷穗笑弯腰，
金黄小米现妖娆。
养育华夏千万载，
更立新功看今朝。

8.1　谷子的起源与分布

　　谷子（学名：*Setaria italica* L.）是禾本科狗尾草属的一年生草本植物。起源于8 000多年前我国北方，是人类栽培最古老的作物之一。古称稷、粟，亦称粱。后来，谷子逐渐传播到欧洲和亚洲大部分干旱少雨的地区。目前谷子已广泛栽培于欧亚大陆的温带和热带，中国黄河中上游为主要栽培区，其他地区也有少量栽种。粟文化意蕴的悠久性、丰富性及其深远影响，是其他农作物无法比拟的。在某种程度上，粟已成为中华民族的文化符号。中国有最多的谷子种质资源，被认为是谷子的栽培起源中心，是世界上谷子遗传多样性最丰富的国家，目前国家种质资源库保存了2.7万余份谷子种质资源。

弯弯的谷穗

8.2　谷子的特征特性

谷子茎秆粗壮，一般株高在1米左右。谷穗一般成熟后下垂，呈金黄色。籽粒卵圆形，多为黄色，去皮后俗称小米。粟的稃壳有白、红、黄、黑、橙和紫等各种颜色，俗称"粟有五彩"。谷子喜欢生长在温暖的环境，生长发育的适宜温度为22～30℃。谷子属于C_4植物，根系发达，细胞壁较厚，叶面积小，水分利用效率较高，具有抗旱、耐瘠薄、生育期短、高光效和适应性广等特点，属于耐旱耐瘠的稳产型作物。随着谷子基因组测序计划的完成，谷子逐渐发展成为研究禾本科作物新的模式作物。

谷子作为一种节水耐旱型作物，具有生态保育功能。据研究，每生产1克干物质，谷子需水257克，玉米需水470克、小麦需水510克，而水稻更高。而且谷田的施肥水平显著低于玉米、小麦等大宗农作物。

矮壮型谷子

8.3　谷子的经济价值

谷子的营养价值较高，既是传统食粮，又是现代保健珍品。谷子是中国北方人民的重要粮食之一。谷子脱粒后俗称小米，小米磨成粉后可单独或与其他面粉混合制作饼、窝头、发糕、面条或馒头等食品，也可以与小麦面粉混合烘焙面包。糯性小米还可酿酒。小米还可以做成小米干饭，或与大米混合蒸成二米饭，不仅营养丰富，而且口感极佳。最受人们喜爱的是用小米煮成的各具特色的小米粥，味香柔滑，营养丰富，有"代参汤"之美誉，是中国孕产妇的滋补食品，同时，它也很适合脾胃虚弱、反胃、呕吐、腹泻、口角生疮，以及身体虚弱的人。如今已有罐装的小米粥，携带方便，市场前景广阔。

小米无论是从适口性还是营养保健作用上，在杂粮中都居首要地位。据《本草纲目》《别录》《滇南本草》《日用本草》等医学典籍记载，小米具有滋阴养血、补脾健胃、养心安神和美容养颜等多重功效。小米营养均衡性高，其氨基酸、维生素及微量元素含量高于大米和小麦，同时脂肪和碳水化合物含量较低，是预防"富贵病"的有效食物。近年来，日本在全世界率先兴起了食用小米等杂粮的热潮，英国、墨西哥及欧洲的相关医院和各疗养院均把小米列入医疗食谱。例如，将小米和桂圆肉一起煮，再加上红糖，具有补血养心、安神益智的效果。与山药、莲子、茯苓一起研磨成粉末煮成粥来食用，还能缓解脾胃虚弱、腹胀、泄泻等疾病。

谷子具有多种用途，有谚语云："谷子浑身宝，人畜离不了。人吃小米饭，牲畜喂谷草，谷糠养肥猪，根茬当柴烧。"籽粒除可供人们食用外，还具有多种深加工价值。例如，谷子和玉米一样是C_4作物，生产酒精的潜力很大；谷子作为食疗同源作物，可以制成醋、糖等深加工食品；谷糠可以加工成降血脂的多维胶囊，米糠提取物已广泛应用于化妆品、皮肤病治疗药物等领域。

参考文献

刁现民. 2011. 中国谷子产业与产业技术体系[M]. 北京：中国农业科学技术出版社.

刁现民. 2019. 禾谷类杂粮作物耐逆和栽培技术研究新进展[J]. 中国农业科学，52（22）：3 943-3 949.

张云，刘斐，王慧军. 2013. 谷子产业与文化融合发展新探[J]. 产经评论，4（1）：56-62.

9 黍稷

源于华夏传五洲，

青山无恙水长流。

美食不知黍稷在，

国泰民安万事休。

9.1 黍稷的起源与分布

黍稷（学名：*Panicum miliaceum* L.）是起源于中国最古老的作物，黄河流域的黄土高原是最早栽培并驯化黍稷的地区，距今至少已有8 000～10 000年的历史。亚洲、欧洲、美洲和非洲等温暖地区都有栽培。我国西北、华北、西南、东北、华南以及华东等地山区都有种植，新疆偶见有野生状的黍稷。在漫长的农耕历史中形成了大量丰富多彩的黍稷种质资源。截至2004年，我国共收集黍稷种质资源1万余份，已全部入国家长期种质库贮存。和世界各国相比，我国黍稷种质资源的拥有量居世界第一位。山西是黍稷的起源和遗传多样性中心。20世纪80年代，山西共收集到黍稷种质资源2 470份，占全国

黍子

黍稷种质资源的29.1%，是全国拥有黍稷种质资源最多的省份。进入21世纪，黍稷仍然是山西的主要杂粮之一，每年种植面积约300万亩。

9.2　黍稷的特征特性

黍稷为禾本科黍属一年生草本植物。秆粗壮，直立，株高60～120厘米。黍稷为喜温、喜光、耐旱、短日照C_4作物。生育前期可耐42℃高温，生育后期遇-2℃低温时易受冻害。除低洼易涝地外，能适应多种土壤，对肥力较差的沙土有较强的适应能力。耐盐碱能力也较强，如耕层内全盐量小于0.3%，一般都能正常生长。

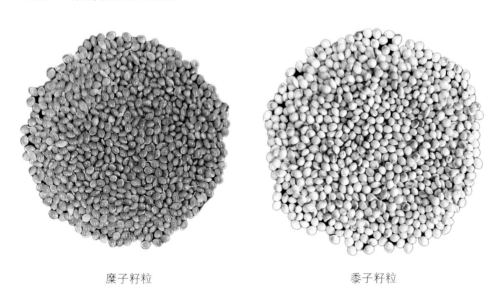

糜子籽粒　　　　　　　　　　　　　黍子籽粒

黍稷由于长期栽培选育，品种繁多，大体分为黏或不黏两类，《本草纲目》称黏者为黍，不黏者为稷；民间又将黏的称黍子，不黏的称糜子。黍稷是由作为野草的野生稷进化而来。由于黍稷比粟的起源还早，为此，古人又把稷列为五谷之长，百谷之主，作为祭祀祖先的供品，以表达不忘先祖给后代带来赖以生存食粮的恩德。公元1世纪东汉班固撰《白虎通义》记载："稷，五谷之长，故立稷而祭之也"。公元1世纪东汉的《汉书》记载："稷者，百谷之主，所以奉宇，共粢盛，古人所食以生活也"。说明我国在2 000年前就已经将稷奉为谷神。随后，我国各个朝代的京城也相继修建"社稷坛"，作为皇帝祈求神灵保佑风调雨顺、五谷丰登、百姓平安的地方。直到现在，北京城天安门旁的中山公园里仍然保留着规模宏大的"社稷坛"，可见，黍稷文化也是中华文明的一个缩影。

糜子

9.3 黍稷的经济价值

　　黍稷作为一种早熟、耐旱的粮食和饲料作物，具有生育期短，抗旱耐瘠，病虫害少，抗逆性强等特点，是高海拔、高寒地区和干旱贫瘠地区的主要作物，同时也是新地开荒、盐碱地改造、沙漠治理的先锋作物以及自然灾害后的补救作物。黍稷营养丰富，籽粒蛋白质明显高于水稻、玉米、小麦等主粮作物，氨基酸种类丰富，含量高，易被人体吸收利用。此外，黍稷籽粒中含有钾、镁、钙等大量元素和铁、铜、锌、硒等微量元素以及丰富的维生素，如硫胺素、核黄素和维生素E等。稷米可煮饭，用籽粒加工而成的炒米，是蒙古族人民喜爱的食品。俄罗斯和东欧一些国家常用以制作稷片粥和糕饼。黍米是中国北方的主要糯食，也是酿造黄酒的原料。黍稷籽粒还是家禽的精饲料。秸秆可供饲用。由于再生能力强，一年可刈割数次，是优良的一年生禾本科牧草。

参考文献

董玉琛，郑殿升. 2006. 中国作物及其野生近缘植物（粮食作物卷）[M]. 北京：中国农业出版社.

王纶，王星玉，温琪汾，等. 2005. 中国黍稷种质资源研究与利用[J]. 植物遗传资源学报（4）：112-115.

王星玉，王纶，温琪汾，等. 2009. 山西是黍稷的起源和遗传多样性中心[J]. 植物遗传资源学报（3）：123-128，132.

王星玉. 1986. 中国黍稷品种资源目录[M]. 北京：农村读物出版社.

10　荞麦

荞麦头顶珍珠花，
三角果实属独家。
秋风送爽催人醉，
独倚阑干迎朝霞。

10.1　荞麦的起源与分布

荞麦（Buckwheat）是蓼科（Polygonaceae）荞麦属（*Fagopyrum*）一年生或多年生的草本植物，又称乌麦、三角麦。关于荞麦的起源地，主要有两种假说：第一种认为栽培荞麦起源于中国北部或西伯利亚；第二种认为栽培荞麦起源于紧靠中国喜马拉雅山的西南地区。大部分学者认为中国是荞麦的起源地。据考古学研究，东汉和西汉时期中国人就开始栽培荞麦，至今已有约2 000年的种植历史。荞麦在亚洲东部国家及地区的种植历史悠久，公元8世纪经朝鲜半岛带到日本，成为日本最重要的食物之一。13—14世纪，荞麦经西伯利亚及俄罗斯南部传到欧洲，德国成为欧洲第一个栽培荞麦的国家。随后，比利时、法国、意大利、英国开始栽培荞麦。17世纪以后，荷兰把荞麦带到美国。如今，

荞麦植株

荞麦几乎遍及所有种植粒用作物的国家。世界上荞麦主要生产国是俄罗斯、中国、日本、韩国、波兰、法国、加拿大和美国等。我国是荞麦的生产大国，栽培面积和总产量仅次于俄罗斯，出口量占第一位。荞麦在我国所有省级行政区均有栽培，而从海拔高度看，从100～4 400米都有分布，横跨了多种气候及地理区域。分布较广，但生产相对集中，华北、西北和东北地区以种植甜荞为主，西南地区的四川、云南和贵州等省以种植苦荞为主。

10.2　荞麦的特征特性

荞麦茎秆直立，一般株高30～90厘米，大多数叶片和籽粒均为三角形，所以又称三角麦。荞麦具有生长迅速、耐贫瘠、易种植和适应性强等特点，因此广泛分布于世界各地。荞麦栽培及野生资源十分丰富，按照荞麦的形态和品质，可将荞麦分为甜荞（*F. esculentum*）、苦荞（*F. tataricum*）、金荞（*F. dibotrys*）等类型，以甜荞的食用品质最好，以苦荞的保健功效最为突出。

荞麦花

甜荞食用时无苦味，是我国华北和西北等地区的传统食物。苦荞食用时有苦味，但其中芦丁等各种营养物质含量远高于甜荞，是市场上荞麦茶、荞麦酒、荞麦酸奶等保健产品的主要原料，目前主要在我国西南地区种植。苦荞是典型自花授粉作物，产量一般比甜荞高50%~100%。金荞为多年生的药饲两用植物，含有多种次生代谢产物，野生金荞麦为国家二级保护植物，已被列入《中国兽药典》和《饲料药物添加剂允许使用品种名录》中，目前金荞的规模化栽培主要在云南、重庆等西南地区进行。

10.3 荞麦的经济价值

荞麦是我国传统的药食两用植物，而且具有较高的饲用价值。荞麦含有多种矿质元素、维生素和氨基酸，其中含有人类自身不能合成的必需氨基酸中的赖氨酸较多，营养价值较高。在我国传统烹饪制作中，荞麦去壳后，可制作饭粥食用；也可以磨成粉，制作面条、饸饹、饼、饺子、馒头、荞麦粑粑和荞麦煎饼等食品，或与小麦面粉混合制作各种面食。

甜荞种子

苦荞种子

苦荞是谷类作物中唯一集合了7种营养于一身的作物，即淀粉、维生素、纤维素、脂肪、蛋白质、矿物质和生物类黄酮（主要成分为芦丁），具有"三降一疗两通"的功效，即降血压、降血糖、降血脂，疗胃疾和利尿通便，药用保健价值很高。此外，苦荞中的黄酮类、多酚类物质可起到抗氧化和防癌的作用。苦荞麦茶可直接用开水冲饮，茶水黄褐色，清亮透明，在日本作为糖尿病患者的保健饮品。从荞麦中提取生物类黄酮，如槲皮素、芦丁、桑巴素、茨菲醇等物质，可制成散剂、片剂、软膏、胶囊等，还可制成疗效牙膏、生物类黄酮口服液等。

金荞麦是我国的传统中药，《本草纲目》中就有金荞麦治疗瘰疬、咽喉肿痛的记载，如今，金荞麦也是太极急支糖浆、威麦宁胶囊、金荞麦胶囊等药物的原材料。

荞麦属植物大都生长迅速，适应性强，耐瘠薄，对水、肥、农药的依赖性低，且部分荞麦品种还有生育期短、叶量丰富、耐刈割的优点，可以作为非常优质的牧草利用。

日本素有吃荞麦的习惯，是最主要的荞麦输入国。荞麦的经济价值较高，供不应求，出口1吨荞麦可换取3～5吨小麦。因此，荞麦产业有很大的发展潜力，开发荞麦对促进我国经济发展有重要意义。

参考文献

董雪妮，唐宇，丁梦琦，等.2017.中国荞麦种质资源及其饲用价值[J].草业科学，34（2）：378-388.

王红育，李颖.2004.荞麦的研究现状及应用前景[J].食品科学，25（10）：388-391.

阎红.2011.荞麦的应用研究及展望[J].食品工业科技，32（1）：363-365.

张以忠，陈庆富.2004.荞麦研究的现状与展望[J].种子（3）：39-42.

赵钢，唐宇，王安虎.2002.金荞麦的营养成分分析及药用价值研究[J].中国野生植物资源，21（5）：39-41.

周美亮.2018.西藏荞麦的创新利用和发展前景[J].西藏农业科技（1）：7-10.

11　燕麦

万里春风燕麦香，
上等杂粮美名扬。
农家指点高原路，
内蒙武川是故乡。

11.1　燕麦的起源与分布

　　燕麦（学名：*Avena sativa* L.）为禾本科燕麦属一年生草本植物，《本草纲目》中记载"燕麦多为野生，因燕雀所食，故名燕麦"。2 000多年前，燕麦就遍布在内蒙古高原阴山南北。一般认为呼和浩特市的武川县是世界燕麦发源地之一，被誉为中国的"燕麦故乡"。燕麦是一种世界性栽培作物，广泛分布于世界各地。国外的燕麦品种以普通栽培燕麦为主，籽粒带皮，即皮燕麦，集中产区是北半球的温带地区。燕麦的主产国有俄罗斯、加拿大、美国、澳大利亚、德国、芬兰及中国等。燕麦主要用作饲草和饲料，其籽粒也可压制成燕麦片供人们食用。我国主要种植裸燕麦，华北地区称其为莜麦，西北地区有些地方称其为玉麦，东北地区则称为铃铛麦，西南地区称之为燕麦。裸燕麦主要分布于华北地区的山西、河北及内蒙古等地，占全国燕麦种植总面积的80%以上，其中种植面

皮燕麦

积最大的地区是内蒙古自治区，主要用作粮食。皮燕麦主要分布于甘肃、青海和宁夏等地。我国种植的燕麦是以大粒裸燕麦为主，播种面积占90%以上，这是中国燕麦的突出特点之一。

11.2 燕麦的特征特性

燕麦茎秆直立，株高60~130厘米。籽粒颜色分为白色、黄色、褐色、红色或黑色。在裸燕麦地方品种中，黄色籽粒占75%以上，为大多数。燕麦的生长环境与一般谷物不同，喜高寒、干燥的气候，而且耐瘠薄、耐适度盐碱，适应性强，种植风险小，具有明显的区域种植特点。我国内蒙古中部的阴山北麓被誉为世界黄金燕麦的主要产区，这里海拔约2 000米，年日照时间超过3 000小时，昼夜温差大，平均3米/秒的季风常年吹过。

| 皮燕麦穗 | 裸燕麦穗 |

全世界燕麦属的物种约30个，其中栽培种5个，野生种25个。中国现拥有燕麦物种27个，其中按种型划分有栽培种和野生种，按染色体倍性水平划分有二倍体、四倍体和六倍体，按皮裸性划分有皮燕麦和裸燕麦。燕麦属于小杂粮，通常以皮燕麦和裸燕麦两种类型划分。中国收集保存燕麦种质资源3 600余份，其中原产中国的2 300多份，国外引进的约1 300份。

11.3 燕麦的经济价值

燕麦具有较高的营养价值。籽粒含有丰富的蛋白质、粗纤维、亚油酸和维生素E等成分，蛋白质中含有18种氨基酸，包括了人体所必需的8种氨基酸。赖氨酸含量是大米和小麦的2倍以上，色氨酸含量也高于大米和小麦，核黄素含量比其他作物高出许多，还含有功能性成分——皂苷。目前市场上的燕麦食品有燕麦片、燕麦饼干、燕麦面包、燕麦米、燕麦饮料、燕麦醋、燕麦啤酒、燕麦β-葡聚糖和燕麦蛋白（燕麦多肽、燕麦蛋白粉）等，还有燕麦化妆品、燕麦洗涤用品等，深受消费者的喜爱。

　　燕麦还是高级的饲草和饲料，籽粒蛋白质含量达10%~14%，是牲畜尤其是重役畜的良好精饲料，也可饲喂家禽。因其子实含亚油酸高，对提高家禽的产蛋率和肉质有明显效果，喂猪可提高瘦肉率和肉的品质。燕麦青刈茎叶富含营养，嫩而多汁，青饲或调制干草均可，适口性好，消化率高。近年来，日本从我国大量购买燕麦青干草作为奶牛的饲草。

　　燕麦不仅用于日常食品及牲畜饲料，还具有重要的医药和保健价值。中医认为燕麦味甘，性平，归脾、肝、胃经，能补虚止汗。古时就用于婴儿营养不良、产妇缺乳、年老体弱，还可以充饥润肠。在现代研究中发现，燕麦中的β-葡聚糖可减缓血液中葡萄糖含量的增加，预防和控制肥胖症、糖尿病及心血管疾病。富含的膳食纤维具有清理肠道垃圾的作用。1997年美国食品药品监督管理局认定燕麦为功能性食物，具有降低胆固醇、平稳血糖的功效。美国《时代》杂志评选的"全球十大健康食物"中燕麦位列第五，是唯一上榜的谷类。欧洲很多国家非常看重燕麦的营养和保健功能。

参考文献

郭文场，丁向清，刘佳贺，等. 2012. 中国燕麦种质资源及其栽培和利用[J]. 特种经济动植物（3）：36-37.

刘智虎. 2019. 燕麦食品加工及功能特性[J]. 现代食品（20）：133-135.

张曼，张美莉，郭军，等. 2014. 中国燕麦分布、生产及营养价值与生理功能概述[J]. 内蒙古农业科技（2）：120-122，130.

郑殿升. 2010. 中国燕麦的多样性[J]. 植物遗传资源学报，11（3）：249-252.

12 藜麦

乡野藜麦无人晓，

天涯何处问农樵。

今日尊为粮之母，

春风得意万里遥。

12.1 藜麦的起源与分布

藜麦（学名：*Chenopodium quinoa* Willd.）又称南美藜、藜谷、奎奴亚藜等，是苋科藜属双子叶植物。原产于南美洲安第斯山区秘鲁和玻利亚境内的"喀喀湖"（Lake Titicaca）沿岸。早在5 000～7 000年前，藜麦就被安第斯山的居民驯化种植和食用，其籽粒是当地居民的传统主食。在藜麦的滋养下，南美洲的印第安人创造了印加文明，并将藜麦尊为"粮食之母"。藜麦

藜麦（秦培友供图）

生长在海拔4 500米左右的高原上，适宜海拔3 000～4 000米的高原或山地地区。主要分布于南美洲的玻利维亚、厄瓜多尔、智利和秘鲁境内，在欧洲、非洲与亚洲地区种植越来越广泛，北美也有少量种植。1980年，美国植物学家将藜麦从南美引入科罗拉多州，作为宇航员的日常口粮，并于20世纪90年代以后作为特色农作物种植，2000年后藜麦开始被营养学家们认可并推荐，被美国、加拿大和欧洲等国引进和栽种。中国于1987年由西藏农牧学院和西藏农牧科学院开始引种试验研究，并于1992年和1993年在西藏境内大范围小面积试种成功。2008年，藜麦在山西省呈规模化种植。2014年，山西省仅静乐县藜麦种植面积就达到1.5万亩，占山西省藜麦总种植面积的67%，总产量达1 250吨，成为全球第三大藜麦产地，获得了"中国藜麦之乡"的美称。2014年以来，全国多个省份开始较大面积种植藜麦，其中，种植面积较大的省份有山西、吉林、青海、甘肃以及河北等，目前总种植面积约5万亩。

12.2　藜麦的特征特性

藜麦是一年生草本植物，株高0.6～3米，根系浅，穗部可呈红、紫、黄色，植株形状类似灰灰菜，成熟后穗部类似高粱穗，呈扫帚状。穗状花序，花两性。籽粒为椭圆药片状，直径1.5～2毫米，一般千粒重3～4克，大籽粒的品种达4.5克。种子颜色主要有白、红、黑三色系。籽粒种皮外覆盖一层水溶性的皂苷，因而略有苦涩味。按皂苷的含量可以分为甜藜麦和苦藜麦。据不完全统计，目前藜麦有1 000多个品种。由于它的叶片多像鸭掌，因此英文名也叫goose foot。

藜麦幼苗

藜麦主要种植在安第斯山区的高海拔地区。这里的气候有温暖干燥、寒冷干燥、温和多雨等多种类型，由于长期的栽培和适应，使其具有耐寒、耐旱、耐瘠薄和耐盐碱等特性。藜麦可以在碱性（pH值高达9.0）和酸性（pH

值高达4.5）的土壤中正常生长，还可以承受38℃到-8℃的极端温度。

12.3 藜麦的经济价值

藜麦是一种全谷全营养完全蛋白碱性食物。其氨基酸比例和联合国粮农组织（FAO）提出的理想比例接近。除含有人体必需的8种氨基酸，还含有许多非必需氨基酸，特别是富集许多作物没有或极少的赖氨酸，其含量高达5.1%～6.4%。子实中富含大量矿质营养，如钙、铁、锌、铜和锰，其中，钙和铁含量明显高于大多数常见谷物，不含胆固醇与麸质，糖和脂肪含量与热量都属于较低水平。此外，藜麦富含的维生素、多酚、类黄酮类、皂苷和植物甾醇类物质，具有抗氧化、抗炎、降血糖、减肥等健康功效。其脂肪中不饱和脂肪酸占83%，还是一种低果糖低葡萄糖的食物，在糖脂代谢过程中发挥有益功效。因而藜麦被国际营养学家称为"营养黄金""超级谷物"和"未来食品"。联合国粮农组织认为藜麦是唯一一种可满足人体基本营养需求的单体植物，并正式推荐藜麦为最适宜人类的全营养食品。

白色籽粒

红色籽粒

藜麦的种子可以像小米一样直接煮食，也可以磨制成粉制作各类面食，还可以做汤。另外，藜麦的嫩叶和嫩芽也可以当蔬菜食用，可作成营养丰富的色拉。目前，市面上藜麦的加工产品主要有：藜麦粉保健品、藜麦八宝粥、藜麦苹果汁以及藜麦发酵的白酒等。随着藜麦的推广普及，它的食用方法也越发广泛，藜麦米甚至可以代替像燕麦这样的传统早餐，也可以做成类似薯片、饼干的食物。

　　藜麦中含有丰富的维生素、赖氨酸等成分，而维生素B₁可以减缓肌肤干燥、赖氨酸可以使肌肤变得紧致有弹性。因此，藜麦可以用作口红、洗发水、身体乳等化妆品的原料。藜麦的皂苷类次级代谢产物，可以用作有机农药杀血吸虫；还可用作农用饲料、润湿剂和根生长剂等。另外，藜麦茎秆可以作为动物的绿色饲料，无毒无害且营养丰富。

　　藜麦抗逆性强，品种类型丰富，种子颜色多样，有些品种的观赏价值很高，若能将这些观赏价值高的藜麦用于城市绿化中，可以丰富园林绿化模式，形成独特的城市绿化景观。

藜麦花序类型（秦培友供图）

参考文献

贡布扎西，旺姆，张崇玺，等. 1994. 南美藜在西藏的生物学特性表现[J]. 西南农业学报，7（3）：54-62.

孙宇星，迟文娟. 2017. 藜麦推广前景分析[J]. 绿色科技（7）：197-198.

王晨静，赵习武，陆国权，等. 2014. 藜麦特性及开发利用研究进展[J]. 浙江农林大学学报，31（2）：296-301.

魏爱春，杨修仕，么杨，等. 2015. 藜麦营养功能成分及生物活性研究进展[J]. 食品科学，36（15）：272-276.

肖正春，张广伦. 2014. 藜麦及其资源开发利用[J]. 中国野生植物资源，33（2）：62-66.

任贵兴，杨修仕，么杨. 2015. 中国藜麦产业现状[J]. 作物杂志（5）：1-5.

13 大豆

大豆花开遍神州，
轻风漫雨翠枝头。
更闻田园风景好，
最美时节在仲秋。

13.1　大豆的起源与分布

大豆〔学名：*Glycine max*（Linn.）Merr.〕是豆科大豆属一年生双子叶草本植物，古称菽，是世界上最重要的豆类。现在种植的栽培大豆是从野生大豆通过长期定向选择、改良驯化而成的。大豆起源于中国，已有5 000年栽培历史。后经朝鲜传到日本，进而又传到欧洲、北美洲和南美洲，世界各国栽培的大豆都是直接或间接由中国传播出去的，现在已广泛栽培于世界各地。中国各省份都有大豆种植，其中以黑龙江省面积最大，常年种植面积在5 000万亩以上，其次是内蒙古自治区，常年种植面积在1 500万亩左右；以下依次为安徽、四川、河南、吉林、湖北、贵州、江苏、云南、陕西、河北、山东、江西等省，其余省（自治区、直辖市）种植面积较小。

大豆（吴存祥供图）

13.2　大豆的特征特性

大豆株高30～90厘米。茎秆粗壮，直立。根是直根系，生有很多根瘤，大豆根瘤菌通过生物固氮制造的氨，可供给豆科植物利用。单荚一般有种子2～5粒，呈椭圆形、近球形、卵圆形至长圆形等多种形状，种皮光滑，有淡绿色、黄色、褐色、黑色、棕色、红色和花色等多种颜色，因品种而异，生产中以黄色为主。大豆种脐明显，椭圆形。大豆性喜暖，生长适温20～25℃，低于14℃不能开花，温度过高则提前结束生长。开花期土壤相对含水量在70%～80%最为适宜。

大豆开花

　　根据大豆种子的种皮颜色等可分为五种类型，即黄大豆、青大豆、黑大豆、饲料豆、其他大豆。黄大豆是大豆中种植最广泛的品种，常用来做各种豆制品、酿造酱油和提取蛋白质，豆渣或磨成粗粉也常用于禽畜饲料。青大豆按其子叶的颜色，又可分为青皮青仁大豆和绿皮黄仁大豆两种。黑大豆又名橹豆、黑豆等，味甘性平。黑大豆具有高蛋白、低热量的特性，外皮黑，里面黄色或绿色。饲料豆一般籽粒较小，呈扁长椭圆形，两片叶子上有凹陷圆点，种皮略有光泽

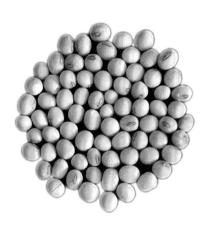

大豆种子

或无光泽。其他大豆是指种皮为褐色、棕色或赤色等单一颜色的大豆。

13.3　大豆的经济价值

　　大豆含有丰富植物蛋白质、不饱和脂肪酸和大豆卵磷脂，富含皂角苷、蛋白酶抑制剂、异黄酮、钼和硒等抗癌成分，膳食纤维、维生素A、维生素C、维生素K和维生素B等多种营养物质。其中蛋白质的含量比猪肉高2倍，是鸡蛋含量的2.5倍，而且质量好，氨基酸比较接近人体需要的比值，容易被消化吸收。因此，营养价值非常高，被称为"豆中之王""田中之肉""绿色的

牛乳"，是数百种天然食物中最受营养学家推崇的食物，大豆也是我国重要的粮食作物之一，具有良好的食用和保健药用功效。

美国食品药品监督管理局于1999年证实，含有大豆蛋白质的食品可以预防冠心病、乳糖不耐症、糖尿病、肾病、更年期综合征、骨质疏松症、癌症和肥胖症等疾病。大豆含有的不饱和脂肪酸可以阻止胆固醇的吸收，是动脉硬化患者的一种理想的营养品。

大豆常用来制作各种豆制品，非发酵的包括人们非常喜爱的豆浆、豆腐、干豆腐、油豆腐、冻豆腐、豆腐丝、豆腐皮和腐竹等多种食品，经过培养发芽的豆芽菜可以作为蔬菜，广受大众欢迎；发酵的豆制品有豆豉、豆酱、酸豆奶、腐乳以及酿造优质酱油，也深受消费者的青睐。另外，豆粉则是代替肉类的高蛋白食物，可制成多种食品，包括婴儿食品。

大豆榨取的豆油是目前市场上重要的食用油之一，是人体不饱和脂肪酸的重要来源，能起到降低胆固醇的作用，对高血压、心血管疾病也有辅助治疗功效。

大豆榨油后的饼粕或磨成粗粉的大豆粉，对于鸡、猪、牛等畜禽来说，是优质的蛋白质饲料。大豆秸秆加工后也可以作为牲畜的粗饲料。此外，大豆油经过深加工，可以为工业、食品、医药等提供重要原料。

近年来，科学家不断发现大豆新的用途。大豆油替代柴油，既有利于国家能源安全又有利于环境保护；大豆蛋白纤维服装穿着舒适又保健，还可降解；大豆塑料质量好，完全可以替代基于石化产品的塑料；大豆肽、大豆异黄酮和大豆皂苷等新型生物制品在医药保健领域应用前景广泛。大豆开发的新产品还包括：基于豆油的变压器油，基于大豆的灰泥层，基于大豆的敛缝化合物、零件清洁剂、黏胶清除剂等。

参考文献

蒋慕东.2006.二十世纪中国大豆改良、生产与利用研究[D].南京：南京农业大学.

孙永玲，祝玉龙.2012.大豆用途及春大豆种植技术[J].安徽农学通报，18（14）：72-73.

朱行.2006.美国科学家正在开发大豆新用途[J].世界农业（8）：62.

14　油菜

油菜青青遍田园，
花香袅袅飞漫天。
神州春色无限美，
东风吹送凯歌还。

14.1　油菜的起源与分布

　　油菜是十字花科芸薹属几个种的油用变种植物的总称，不是植物分类学上的单一物种。属一年生或二年生草本植物。根据油菜植物学形态特征、遗传亲缘关系和农艺性状的差别，将油菜分为甘蓝型油菜（*Brassica napus*）、白菜型油菜（*Brassica compestris*，包括北方小油菜*Brassica compestris*和南方油白菜*Brassica chinensis* var. *oleifera*的油用变种两个种）和芥菜型油菜（*Brassica juncea*）三大类型。甘蓝型油菜原产欧洲地中海地区，我国约20世纪30年代从日本引进，后来又从欧洲引入原产品种。白菜型油菜和芥菜型油菜原产于我国，据考古发现，已有7 000～8 000年的栽培历史，但主要作为蔬菜。一般认为，青藏高原为主体的西部高山、丘陵地区是我国栽培白菜型和芥菜型油菜的起

甘蓝型油菜

源地，现在西藏仍有野生白菜型油菜的分布。我国西北是北方小油菜的起源地之一，而江南是南方油白菜的起源地。

北方小油菜是由我国古代栽培的"芸苔"演化而来的，当时主要是用作蔬菜，直到元明之际才作为油料作物广泛栽培。南方油白菜是由白菜演化而成的，是南宋后期在杭州一带出现的蔬菜、油料兼用的白菜类型。芥菜类型油菜有大叶芥油菜和细叶芥油菜两种，二者都是由芥菜演化而来的。西汉史料记载主要是取芥子碾末，用作调料，直到明嘉靖二十二年才有榨油的报道。甘蓝油菜又名欧洲油菜，现代科学表明，约7 000年前，由地中海地区白菜品种里的欧洲芜菁和甘蓝品种里苤蓝、花菜、西蓝花、中国芥蓝4种甘蓝的共同"祖先"（已消失）杂交合成。欧洲和北美洲的油菜生产主要是甘蓝型种类，白菜型种类比重很小，而芥菜型种类首要是用于加工调料或芳香油，仅有少量种植。

在油料作物种植中，油菜已跃居第二位（仅次于大豆），在世界各地广泛种植。主要集中在东亚、南亚、欧洲、美洲和大洋洲。油菜在中国各省（自治区、直辖市）都有种植，是我国种植面积超过9 750万亩的第五大作物，其中以四川种植面积最大，其次为湖南、湖北、贵州、江西、安徽、内蒙古和重庆等地。

油菜花

14.2 油菜的特征特性

白菜型油菜原名甜油菜，形似白菜。植株一般较矮，是典型的异花授粉作物，天然异交率高达85%～90%。无辛辣味，含油率30%～40%。早熟、需肥量较少，适于低肥水平下栽培，能迟播早收。但不抗病，产量低而不稳定，增产潜力不大，在长江流域三熟地区和高寒山区还有一定的种植面积，但正逐年减少。

芥菜型油菜又名辣油菜或苦油菜。株型高大松散，主根较发达，耐旱性强。异花授粉，天然异交率一般为10%左右。种子小，有辣味，含油率30%～50%。抗逆性强，耐瘠、耐旱。产量较低，现已极少种植。

甘蓝型油菜又名洋油菜，欧洲油菜。株型中等或高大，枝叶繁茂。异花授粉，天然异交率10%左右，自交结实率50%～90%。种子较大，无辛辣味，含油率35%～45%。耐肥、高产，抗病性较强，增产潜力大。

与白菜型油菜相比，甘蓝型油菜生育期较长，产量更高，抗病性更强。随着大量早、中熟品种的育成，在长江流域两熟和三熟地区，其栽培面积迅速扩大，已占油菜栽培总面积的90%以上，是各油菜产区重点推广的类型。目前在生产上推广使用的绝大部分品种均为甘蓝型油菜。

14.3　油菜的经济价值

油菜含有大量胡萝卜素、维生素C、维生素A及钙、铁等矿质元素，有助于增强人体免疫力，还具有降低血脂、解毒消肿和通便等保健作用。白菜型油菜主要供人们作为蔬菜食用，是大众餐桌上广受欢迎的菜品。芥菜型油菜和甘蓝型油菜种子主要用于榨油，油供食用或工业用，粕可以作为饲料或肥料。油菜的种子含油量为33%～50%，是产油效率较高的油料作物之一。菜籽油是中国传统的食用油，占国产油料作物产油量的50%以上，是国产食用植物油的第一大来源，地位极为重要。油菜籽油是良好的食用油，经过加工处理可以做厨房用油制作多种菜肴和主食食品。榨油剩下的菜籽饼粕，蛋白质含量高达40%，氨基酸组成合理，其赖氨酸含量与大豆相当，是中国有待开发利用的最大宗优质饲用蛋白源。

油菜除用作榨取食用油和饲料之外，在食品工业中还可制作人造奶油和人造蛋白。还在冶金、机械、橡胶、化工、油漆、纺织、制皂、造纸、皮革和医药等方面有广泛的用途，可用于制造润滑剂、润滑脂、清漆、肥皂、树脂、尼龙、塑料、驱虫剂、稳定剂和药品等，具有重要的经济价值。此外，油菜还可以作为绿肥作物，增加土壤的有效氮与有机质含量，改良土壤。

油菜因其美丽鲜亮的黄色花朵，进入开花季节，田间一片金黄，极具观赏价值。青海的油菜花田以及江西婺源的大片油菜田在每年开花时节都吸引了来自世界各地的游客，浓郁花香令人陶醉，美丽风景让人流连忘返。

欧洲油菜

由于能源危机和欧洲油菜油燃烧时污染小及其本身的可再生性，越来越多的人把欧洲油菜油当作生物燃料，使它成为一种很好的绿色能源。美国专家报告，15亩油菜可生产1吨生物柴油和100千克甘油。德国建成的以油菜籽为原料的油厂可年产100万吨生物柴油。

参考文献

罗桂环. 2015. 中国油菜栽培起源考[J]. 古今农业（3）：23-28.

王汉中. 2010. 我国油菜产业发展的历史回顾与展望[J]. 中国油料作物学报，32（2）：130-132.

叶静渊. 1989. 我国油菜的名实考订及其栽培起源[J]. 自然科学史研究（2）：64-71.

15　向日葵

朵朵葵花向阳开，
翩翩蜂蝶四方来，
何须更问通幽路，
田园深处自徘徊。

15.1　向日葵的起源与分布

向日葵（学名：*Helianthus annuus* L.）是菊科向日葵属的一年生草本植物。又名朝阳花，因其花常朝着太阳而得名。英文名称"Sunflower"却不是因为它的向阳特性，而是因为其黄花开似太阳的缘故。向日葵起源于北美洲，约5 000年前由北美印第安人将野生的向日葵驯化为最早的栽培向日葵。1510年，西班牙探险家将其种子

食用向日葵

带回了欧洲，最初为观赏用。18世纪传入俄国并开始规模化工业榨油。17世纪上半叶，由西班牙人传入中国云南等南方地区，而直到20世纪初才由俄国传入中国北方。

如今，向日葵在世界各国均有栽培。全世界种植面积约3.3亿亩，主要产自阿根廷、印度、俄罗斯、乌克兰、美国、中国、西班牙及罗马尼亚。在这些播种面积中绝大部分是油用向日葵，食葵仅占10%左右。中国向日葵播种面积约2 000万亩，食葵面积超过40%，主要分布在黄河以北的地区，包括东北、西北和华北地区，在吉林、内蒙古、辽宁、黑龙江和山西等地种植面积较大。

15.2　向日葵的特征特性

　　向日葵植株一般高1～3.5米，最高可达9米。茎中有海绵状的填充髓，向日葵的头状花序，俗称花盘，一般直径10～30厘米。果皮木质化，灰色或黑色，俗称葵花籽。向日葵性喜温暖，耐旱，对土壤要求不高，在各类土壤上均能生长，从肥沃土壤到旱地、瘠薄、盐碱地均可种

油用向日葵

植。向日葵不仅具有较强的耐盐碱能力，而且还兼有吸盐性能。

　　向日葵一般分为食用型、油用型和中间型3种类型，每种类型又有很多品种。食用型向日葵植株高大，葵花籽大，含油率30%～50%，适于炒食，一般称为食葵；油用型向日葵植株矮小，葵花籽小，含油率50%以上，适于榨油，一般称为油葵；中间型的性状介于上述两者之间。

观赏向日葵（重瓣品种）

多姿多彩的观赏向日葵

　　近年来，观赏向日葵发展很快，虽然其栽培历史不长，但是以其鲜艳夺目和硕大的花盘受到世界各地人们的喜爱和追捧。向日葵的花语是信念、光辉、高傲、忠诚、爱慕，寓意是沉默的爱，绽放的不仅是爱情，还有对梦想、对生活的热爱，被俄罗斯、秘鲁和玻利维亚奉为国花。荷兰画家文森特·梵高最著名的画作之一就是"向日葵"，举世瞩目，具有极高的艺术收藏价值。

15.3　向日葵的经济价值

　　向日葵浑身是宝，具有较高的药用价值、食用价值和经济价值。向日葵可以平肝祛风，清湿热，消滞气。向日葵全身是药，其种子、花盘、茎叶、茎髓、根和花等均可入药。种子油可作软膏的基础药，茎髓为利尿消炎剂，叶与花瓣可作苦味健胃剂，果盘（花托）有降血压作用。

　　葵花籽含有丰富的蛋白质，是十分受人们欢迎的休闲零食。食用向日葵用途极广，其籽仁含有蛋白质21%～30%，以及脂肪、多种维生素、叶酸、铁、钾和锌等人体必需的营养成分。籽实腌煮、烘烤制成普通或五香葵瓜子，营养丰富，味道香美，是人们喜食的大众化零食佳品。葵花籽仁可以作为辅料制作蛋糕、冰激凌和月饼等甜食。经常食用葵花籽，可保护心脏、预防高血压和动脉硬化，还可以防癌抗癌，降低结肠癌的发病率。美国医学家历时6年研究发现，坚持每天吃葵花籽这类坚果的次数越多，得心脏病的危险性越小。

葵花籽油属于半干性油，品质优良，易于加工，营养丰富，已成为世界重要的食用油源。由于含有66%左右的"亚油酸"，被誉为21世纪"健康营养油"，是欧美等发达国家首选食用油。亚油酸是人体必需的脂肪酸，在人体中起到"清道夫"的作用，能清除体内的胆固醇及其产物，可以减轻动脉硬化，维持血压平衡，特别有益于心脏病及高血压患者。葵花籽油耐高温，熔点低，其营养物质易被人体吸收，吸收利用率高达93.5%。世界食用油市场上葵花籽油的贸易量名列第2位，且处于供不应求的态势。

此外，榨油后的油饼含蛋白质30%～36%，是畜禽的精饲料，葵盘粉碎后是喂猪的极好精饲料，同时也可作为生产味精、酱油的原料。向日葵的茎秆灰分中氧化钾含量高达36.3%，是制造钾肥的好原料，同时含有丰富的纤维素，可作为造纸、隔音板和家具板的原料，也可以用作燃料；葵花籽的皮壳可以提取酒精、糠醛，还可以用于制造胶合板、木糖、纸张以及绝缘材料；葵盘还含有大量果胶，可提取低脂果胶，变废为宝，满足食品、医药工业的部分需要。利用油葵生育期短、生物量大、营养丰富的特点，还可以用作牲畜的青贮饲料。向日葵花盘大、花期长，花中蜜腺多，是养蜂的极佳蜜源，葵花蜜也是极佳的营养品。向日葵花盘形似太阳，花色亮丽，一般成片种植，开花时金黄耀眼，极为壮观，可供人们旅游观赏。

参考文献

李向明. 2004. 向日葵起源异考[J]. 内蒙古农业科技（S2）：193-194.

李志勇. 2004. 我国向日葵生产存在的问题及发展对策[J]. 河北农业科技（6）：5.

王德兴. 2005. 油用型向日葵的特点与用途[J]. 中国农村科技（10）：25.

赵贵兴，钟鹏，陈霞，等. 2011. 中国向日葵产业发展现状及对策[J]. 农业工程，1（2）：42-45.

16　花生

十里春光无限情，
一片葱翠铺满径。
惆怅稼园何处是，
东风化雨落花生。

16.1　花生的起源与分布

花生（学名：*Arachis hypogaea* L.）为豆科花生属一年生草本作物，是优质食用油的主要油料品种之一，又名"落花生"或"长生果"。起源于南美洲热带、亚热带地区。1492年哥伦布登陆新大陆后传到世界各地。我国栽培花生约有500年的历史。世界生产花生的国家有100多个，亚洲最为普遍，其次为非洲。但作为商品生产的仅10多个国家，主要生产国中以印度和中国的栽培面积和产量最多。中国各地均有种植，面积较大的省份有山东、广东、河南、河北、广西、辽宁和安徽等地。其中以山东省种植面积最大，产量最多，约占全国的1/4。

花生植株

16.2 花生的特征特性

花生茎直立或匍匐，长30～80厘米。花生地上开花，地下结果，荚果果壳坚硬，一般每个成熟的荚果有2～6粒种子，多数为2粒，极少1粒。花生根部有丰富的根瘤，有很好的固氮作用。花生适宜生长在气候温暖的地区。花生对土壤的要求较高，宜选择地势较为平坦且排水能力强的沙壤土地。花生忌重茬，第一年种过花生的土壤不适合连续栽种花生，最好选择连续几年都没有种过花生的地块。

花生按籽粒的大小分为大花生、中花生和小花生三大类型；按生育期长短分为早熟、中熟、晚熟三种；按植株形态分直立、蔓生、半蔓生三种。花生荚果籽粒的皮色有红色、粉色、紫红色和黑色等不同颜色。

花生开花

16.3 花生的经济价值

花生籽粒营养丰富，含有25%～35%的蛋白质和45%左右的脂肪，个别品种的脂肪含量可以达到60%左右；含有20%左右的糖类，还含有不饱和脂肪酸、卵磷脂、胆碱、胡萝卜素、粗纤维、多种维生素以及矿物质等营养成分。常食花生具有促进人体新陈代谢、增强记忆力和延缓衰老等食疗效果。我国古代就有传说：花生具有滋补益寿、长生不老之功，被人们誉为"长生果"，并且和黄豆一同被称为"植物肉"和"素中之荤"。正如民间谚语所说："常吃花生能养生，吃了花生不想荤。"

　　花生不仅食疗价值高，而且具有良好的药用和保健功效。果实中所含有的儿茶素、赖氨酸具有抗老化的作用。果衣中含有使凝血时间缩短的物质，促进骨髓制造血小板，对多种出血性疾病有止血的作用，利于人体造血功能。果实中的脂肪油和蛋白质，对妇女产后乳汁不足者，有滋补气血，养血通乳的作用。花生果实中钙含量极高，可促进人体的生长发育。果实中的卵磷脂和脑磷脂，是神经系统所需要的重要物质，能延缓脑功能衰退，抑制血小板凝集，防止脑血栓形成。花生油中含有的亚油酸，可使人体内胆固醇分解为胆汁酸排出体外，减少因胆固醇在人体中超过正常值而引发的多种心脑血管疾病。

红皮花生　　　　　　　　　　　　　　黑皮花生

　　花生籽粒还是人们普遍喜爱的食品，既可以生食，也可以炒、煮、炸等多种方式食用。用花生仁为原料可以加工成花生糖和花生酥等各种糕点。用花生榨取的食用油，颜色金黄，气味清香，是广受欢迎的上等油品。以花生为原料还可制造肥皂和生发油等化妆品。此外，榨过油的花生饼粕，可做上等的精饲料；花生茎叶（俗称花生秧子）也可以作为优质的畜禽饲料。

参考文献

陈日益. 2011. 食物中的长生果——花生[J]. 解放军健康（6）：41-41.

潘玲华，蒋菁，钟瑞春，等. 2009. 花生属植物起源、分类及花生栽培种祖先研究进展[J]. 广西农业科学（4）：344-347.

周桂元，梁炫强，李少雄. 2008. 花生生产实用技术[M]. 广州：广东科技出版社.

17 芝麻

芝麻花开日正长，
细雨微风送斜阳。
何须更闻田园事，
农家尽上耕耘忙。

17.1 芝麻的起源与分布

芝麻（学名：*Sesamum indicum*）属于胡麻科一年生草本植物，又名脂麻、油麻。根据史书的记载，大部分人认为芝麻是由西汉张骞通西域时引进中国的，所以，芝麻还有一个别名叫"胡麻"。但由于在我国浙江湖州市钱山漾新石器时代遗址和杭州水田史前遗址曾发现过古代芝麻种子，因此，也有人推测芝麻起源于云贵高原。目前我国主要在黄河及长江中下游各省种植，河南、湖北、安徽、江西和河北等是中国芝麻主产省，占75%以上。其中河南产量最多，约占全国的30%。芝麻遍布世界上的热带地区以及部分温带地区。目前芝麻的主产国为中国、印度、缅甸和苏丹等，其中又以中国芝麻产量居世界第一，种植面积虽然仅次于印度，但单产却比印度高。我国芝麻种植面积占世界种植面积的15%，占世界总产量的23%，因此，中国也是世界最大的芝麻出口国，占国际市场交易量的1/3。

芝麻开花

17.2　芝麻的特征特性

芝麻茎秆直立，株高60～150厘米。种子呈扁圆形，有白色、黄色、棕色和黑色等多种颜色。根据分枝习性，分为单秆型和分枝型。单秆型节间较短，每节着生2～3个蒴果，茎秆坚硬，一般成熟较晚，宜密植；分枝型节间较长，每节多数着生一个蒴果，一般成熟较早，种植不宜过密。依据种植时间不同，可分为夏芝麻和秋芝麻。依据籽粒颜色常分为黑芝麻和白芝麻。芝麻属于喜温植物，一生不耐低温，要求日平均温度20℃以上，以22～25℃最为适宜，高于40℃时不能发芽。芝麻从种子萌发到成熟需要80～120天，随着扁长叶子的长大，外形酷似小喇叭的白色或紫色花朵依次出现。每开一次花，其主干就会长高一节，如此循环下去。因此，就有了"芝麻开花节节高"的谚语。

芝麻被称为八谷之冠（稻、黍、大麦、小麦、大豆、小豆、粟、麻），原因就是芝麻不仅含有大量的脂肪和蛋白质，又含甾醇、芝麻素、芝麻酚、叶酸、烟酸、蔗糖和卵磷脂，还有膳食纤维、糖类、维生素及多种矿质等营养成分，而且具有食用、油用和药用等多种用途。

17.3　芝麻的经济价值

芝麻是我国四大食用油料作物之一。芝麻种子含油量高达55%以上，从芝麻种子中榨取的油称为麻油或香油，特点是气味醇香，可用作上等食用油，生用热用皆可。我国出产的小磨芝麻油在国际市场上畅销不衰，与之齐名的芝麻酱也供不应求。

芝麻蒴果

除了榨油外，芝麻还可用作烹饪原料，制成芝麻粉、芝麻酱、芝麻糊、芝麻糖、芝麻饼和芝麻酥等食物。在国外，人们并不会把芝麻作为榨油原材料，而是将其用于糕点制作，尤其是欧美国家；非洲人则选择直接吃芝麻，或把芝麻当作佐料使用。中国自古就有许多用芝麻和芝麻油制作的各色食品和美味佳肴，食用品质一直著称于世。清朝乾隆南下微服私访时，曾经食用了一盘麻酱拌白菜而龙颜大悦，于是这道简单的麻酱拌白菜从此改名叫"乾隆白菜"，然后北京也就有了一切皆可蘸麻酱的习俗。

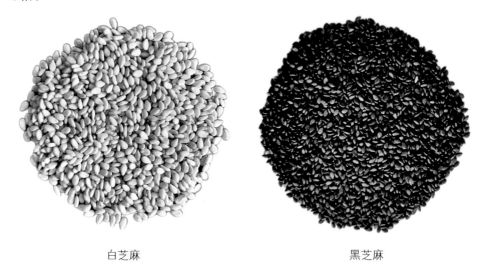

白芝麻　　　　　　　　　　　　　黑芝麻

芝麻还有一定的保健和药用价值。《本草纲目》记载"入药以乌麻油为上，白麻油次之"。另有记载，三国时期的袁绍在士兵受伤时，让军医给伤兵用香油医治，香油，也就是芝麻油，有润肤保湿的作用，可以促进伤口愈合，尤其是对烧伤和烫伤疗效显著。袁绍这么清楚香油用途，是因为他的老家是河南省周口，而周口最出名的就是小磨香油。

芝麻还可以供工业制作润滑油和肥皂。芝麻饼粕的蛋白质含量较高，是很好的精饲料，也可以做优质肥料，中国西瓜之乡的庞各庄西瓜之所以闻名于世，过去就是用芝麻饼粕作为肥料种植西瓜。另外，芝麻还是很好的蜜源植物，与油菜、荞麦并列为我国三大蜜源植物。

参考文献

陈翠云.1990.中国芝麻品种志[M].北京：农业出版社.

刘后利.1961.芝麻生物学特性及其相应的栽培措施[J].中国农业科学，2（4）：36-41.

杨希义.1991.大麻、芝麻与亚麻栽培历史[J].农业考古（3）：267-274.

赵国志，刘喜亮，刘智锋.2006.芝麻和芝麻油加工工艺和产品特性[J].粮油加工（12）：17-20.

18 胡麻

蔥綠腰身紫色花，
春風吹雨映彩霞。
行人莫問農耕事，
胡麻油香飄萬家。

18.1 胡麻的起源与分布

胡麻（学名：*Linum usitatissimum L.*）即油用亚麻，属亚麻科亚麻属一年生草本植物。亚麻是古老的韧皮纤维作物和油料作物。亚麻品种较多，大致可分为三类：油用亚麻（胡麻）、纤维用亚麻和油纤兼用亚麻。亚麻起源于中亚和地中海地区。人类种植亚麻已有5 000多年的历史，现

胡麻幼苗

在广泛分布于世界各地，据联合国粮农组织统计，栽培遍及非洲、北美、拉美、亚洲、欧洲和大洋洲的56个国家。世界上胡麻种植较多的国家有加拿大、中国、印度和英国等。胡麻自张骞出使西域带入我国，最开始在西北少数民族地区种植，随后逐渐在中国大范围传播，至今已有2 000多年的栽培历史。纤维用亚麻在我国主要分布于东北的黑龙江等地。油用亚麻（胡麻）主要分布在我国西北、华北的干旱、半干旱高寒冷凉地区，其中以甘肃、内蒙古、山西、宁夏、河北、新疆和陕西等地种植较多，西南地区的云南和贵州等地也有零星种植。

18.2 胡麻的特征特性

　　胡麻植株直立，株高30～100厘米。花的颜色因品种不同有蓝、紫、白、红和黄等多种颜色，一般栽培的胡麻品种以蓝花或白花为多，花色艳丽。种子扁平，长卵圆形，颜色有褐、棕、黄和白等多种，平滑而有光泽。种子表皮层内含有果胶质，吸水性强，贮藏时应防止受潮，受潮会黏结成团，降低品质，影响发芽，这也是胡麻种子不宜用药液消毒的主要原因。胡麻种子没有明显的休眠期，种子收获后，如条件适宜，就可以发芽。胡麻属于长日照作物，生育期一般为80～120天。胡麻的根系比纤维用亚麻发达，主根入土也比较深，能够充分利用土壤深层的水分和养分，所以胡麻的抗旱、耐瘠薄能力比纤维用亚麻强。

　　胡麻具有耐寒、耐旱的特性，是世界十大油料作物之一。胡麻是我国北方重要的优质油料作物，虽然在我国油料作物中所占比例很小，但在世界胡麻生产中占有极其重要的地位，我国是世界胡麻主产国之一。2011年，我国胡麻面积居世界第一位，产量居世界第二位，仅次于加拿大。

18.3 胡麻的经济价值

　　胡麻是一种兼具食用和工业用途的重要经济作物。

　　胡麻籽含油率在40%～45%，榨取的胡麻油味道纯真，香味四溢，是一种优质食用油。胡麻油富含亚油酸、α-亚麻酸及多种不饱和脂肪酸，在动物体内可直接转化成不饱和脂肪酸（DHA、EPA），是人体必需的营养物质，也是深海鱼油的主要成分，具有促进人体智能、强身健脑、预防心血管疾病等重要作用。胡麻油还是一种天然的抗氧化剂，具有抗衰老、美容、健体的功效。据研究报道，美国国家癌症研究所寻找可能预防癌症的食物和药品，第一个证明最有前途的食品就是胡麻籽。这是因为胡麻籽含有大量的木酚素——即植物中的雌激素，是谷物、豆类的100～800倍，

胡麻开花

对乳腺癌、前列腺癌、经期综合征、骨质疏松等具有预防和治疗作用。此外，胡麻油碘价高，容易吸收空气中的氧气而迅速干燥，是一种很好的干性油，在油漆、油墨、涂料、皮革和橡胶等方面用途广泛，可以制造高级油墨，用于印制钞票、邮票和画报等。胡麻榨油后的油渣还是牲畜和家禽的饲料或用来培肥地力。

胡麻种子

　　胡麻籽中含有6%～10%的胡麻胶，是一种以多糖为主的果胶类物质，被国家绿色食品发展中心认定为新型的绿色食品专用添加剂。在美国和日本，胡麻胶作为一种天然食品添加剂和药物原料，被列入《美国药典》和《食品化学品药典》中。作为一种良好的膳食纤维，可降低糖尿病和心脏病的发病率，具有预防结肠癌和直肠癌，减少肥胖等作用，还可以作为制作果冻和冰激凌的原料。

　　由于胡麻的独特功效，我国已经开发生产出了亚麻籽保健油、亚麻籽保健胶囊、亚麻籽果胶和亚麻籽蛋白等一系列保健食品，经济效益显著。

　　胡麻的茎秆纤维质地柔软、耐磨、吸水性好、膨胀率大，可以用来造纸、防水布、印刷油和油画色等工业原料，并广泛应用于肥皂、制革和橡胶工业。

参考文献

刘丽娜，贺稚非，穆莎茉莉. 2005. 亚麻籽胶的特性及在食品工业中的应用[J]. 四川食品与发酵（4）：35-37.

施树. 2008.胡麻分离蛋白的提取及其性质的研究[D]. 重庆：西南大学.

吴征镒，于锦秀，汤彦承. 2007.胡麻是亚麻，非脂麻辨[J]. 植物分类学报（4）：458-472.

杨宏志. 2005.胡麻籽脱毒和木脂素提取工艺研究[D]. 北京：中国农业大学.

张金. 2006.胡麻籽的营养保健价值与产业前景[J]. 中国食品工业（3）：33-34.

19 蓖麻

身材魁梧气象雄，
子实成串刺满胸。
油药兼用皆上品，
蓖麻王国笑春风。

19.1 蓖麻的起源与分布

蓖麻（学名：*Ricinus communis* L.），别名大麻子，为大戟科蓖麻属一年生或多年生草本植物，热带或南方地区常长成多年生灌木或小乔木。原产于埃及、埃塞俄比亚和印度。广布于世界热带地区或栽培于热带至温带各国。世界近40多个国家种植蓖麻，年种植面积约为1 650万亩，有30余个国家的种植已经达到了工业化规模，其中印度、中国和巴西种植面积较大，产量也最多，均占世界总面积和总产量的80%以上。蓖麻油出口最多的国家是印度，占世界蓖麻油产量的50%以上。中国蓖麻引自印度，已有1 500多年的栽培和利用历史，常年种植约405万亩，海南至黑龙江均有分布，以华北、东北最多，西北和华东次之，其他地区为零星种植。热带地区有半野生的多年生蓖麻。

蓖麻果实

19.2 蓖麻的特征特性

蓖麻属于高秆稀植深根作物，适宜与矮秆密植类型作物间作套种，如西瓜、豆类、小麦和马铃薯等。植株高大粗壮，根据生长环境条件，株高变化很大，一般在1.5～2米，在热带地区株高可达5米，茎粗3～4厘米。主根入土2～4米，具有很强的耐旱和耐贫瘠能力，喜高温，是一种抗逆性强的深根作物。叶轮廓近圆形，长和宽达40厘米或更大。种子椭圆形，长8～18毫米，平滑，斑纹淡褐色、灰白色或粉红色。蓖麻的生育期较长，从种子出苗至开花成熟一般需要109～135天。蓖麻适应性极强，病虫害较少，管理粗放，使得蓖麻种植具有

蓖麻开花

省工省时效益好的优良特点，在南北纬49°之间的广阔地带都可以种植蓖麻。

　　全球有多个国家建立了蓖麻种质资源库，共收集和保存了蓖麻种质资源1.13万余份，印度和中国是种质资源保有量较大的国家，分别保存有4 300余份和3 300余份，为筛选优异种质资源和育种提供了材料保障。

19.3　蓖麻的经济价值

　　蓖麻全身是宝，既是优良的工业原料，又可以用作医药，生产生物柴油，修复盐碱地，其综合开发利用的经济价值极高，已被众多的化学家、生物学家、医学家和企业家所瞩目。

　　蓖麻是世界上十大油料作物之一，蓖麻籽含油量可达45%～54%，出油率为油料作物之首。蓖麻油黏度高，凝固点低，既耐严寒又耐高温，在-10～-8℃不冰冻，在500～600℃不变性，具有其他油脂所不及的特性，可以代替煤和石油，深加工产品多达3 000余种，包括高级润滑油、生物柴油、油漆、表面活性剂、稳定剂、增塑剂、泡沫塑料及弹性橡胶等，广泛应用于国防、航空、化工、医药和机械等行业，而且可再生，是世界公认的"油中之王""绿色石油"。其中，蓖麻油是航空和航天最重要的高级润滑油。

蓖麻油的提炼物及茎叶提取物可以用于
生产绿色农药；榨油后的油粕中富含氮、磷、
钾，可以作为良好的有机肥，经高温脱毒后可
作为绿色植物高蛋白饲料。蓖麻的茎皮富含纤
维，可作为黏胶纤维、造纸或制麻等的原料。

蓖麻具有良好的药用价值，根、茎、叶、
种子都可入药，具有祛风活血、止痛镇静的功
效，可治疗癫痫、难产和新生儿破伤风等疾

蓖麻种子

病。其中，种子是一种缓泻剂和杀虫剂，特别是近年来从蓖麻种子中提取出
来的蓖麻毒素（ricin）作为一种抗癌新秀应用于临床，取得了很好的效果，
它对恶性的黑色素瘤、结肠癌、乳腺癌、宫颈癌和胃癌等多种癌症均有较好
的治疗作用。

蓖麻是绿色耐盐能源植物，经常作为改良土壤的先锋作物。利用蓖麻
对锰、锌、铜、镉等重金属的超累积作用，可用于重金属污染土壤的生物修
复。在盐碱地种植蓖麻年限越长，土壤孔隙度、含水量、有机质、氮磷钾等
指标均显著增加，脱盐率50%以上。

蓖麻的综合利用价值很高，国内外对蓖麻开发利用日益重视，许多国
家已将蓖麻当作重要的新能源战略物资。蓖麻产业作为一个朝阳产业，其经
济地位和市场价值不可估量。值得注意的是蓖麻种子中含蓖麻毒蛋白和蓖麻
碱，人若误食可导致中毒死亡。

参考文献

李敬忠，张宝贤，王伟男，等.2018.我国蓖麻育种与栽培技术研究进展[J].农业科技通讯，
    562（10）：2，200-202.

孙振钧，吕丽媛，伍玉鹏.2012.蓖麻产业发展：从种植到利用[J].中国农业大学学报，17
    （6）：204-214.

熊谱成.2004.蓖麻开发前景及其高产栽培技术[J].广西热带农业（2）：33-34.

郑鹭，祁建民，陈绍军，等.2006.蓖麻遗传育种进展及其在生物能源与医药综合利用潜势[J].
    中国农学通报，22（9）：109-112.

Severino L S，Auldb D L，Baldanzic M，et al. 2012. A review on the challenges for increased
    production of castor[J]. Agronomy Journal，104（4）：853-880.

20　马铃薯

粮蔬兼用马铃薯，
花开时节彩蝶舞。
遥闻乡间多乐事，
不胜农家庆丰鼓。

20.1　马铃薯的起源与分布

马铃薯（学名：*Solanum tuberosum* L.）是茄科一年生草本植物，又称土豆、洋芋等。马铃薯原产于南美安第斯山区，栽培历史已逾7 000年。1532—1572年，西班牙人征服了秘鲁，大约在1565年将马铃薯带到欧洲，又从欧洲引入到世界各地。17世纪时，马铃薯已经成为欧洲的重要粮食作物。马铃薯引种到我国的时间最早可能在明朝万历年间，距今450年左右。虽然栽培历史不长，但19世纪初马铃薯就已在陕南、鄂西和甘南等地广为种植，成为主食和救灾的重要作物。由于马铃薯对环境的适应性强，现已遍布世界各地，全球现有150多个国家和地区种植马铃薯，分布区域仅次于玉米，是第二个分布最广泛的农作物。主要生产国有中国、俄罗斯、印度、乌克兰和美国等。中国是世界马铃薯种植面积和产量最多的国家，分别占到了世界的27%和22%，成为全球最大的马铃薯生产国。中国马铃薯的种植范围很广泛。目前，除了北京、天津和海南没有统计面积以外，其他各省（自治区、

马铃薯植株（叶片）

直辖市）都有不同程度的马铃薯种植，其中以四川面积最大，以下依次为甘肃、云南、内蒙古、重庆、陕西、湖北、黑龙江、山西、河北和宁夏等地。中国马铃薯种植面积最大的4个省（自治区）是贵州、内蒙古、甘肃和云南。

20.2　马铃薯的特征特性

马铃薯是块茎作物，株高一般在40~60厘米。根系为须根系，花呈白色或蓝紫色，种子肾形，黄色。块茎生长于地下，即我们常说的土豆，一般为扁圆形、长圆形或圆形。马铃薯皮的颜色有白、黄、粉红、红和紫色等多种，薯肉为白、淡黄、黄色、黑色、青色、紫色及黑紫色等多种。中国已培育出以紫色、红色为主的彩色优质马铃薯品种。

黄皮马铃薯　　　　　红皮马铃薯　　　　　紫皮马铃薯

马铃薯粮菜兼用，营养全面，适应性广，是全球第四大重要的粮食作物，仅次于小麦、稻谷和玉米，总产量和产值均占粮食作物的13%左右。

20.3　马铃薯的经济价值

马铃薯的块茎（土豆）可供食用，块茎含有大量的淀粉，能为人体提供丰富的热量，且富含蛋白质、氨基酸及多种维生素和矿物质。马铃薯不但营养齐全，而且结构合理，尤其是蛋白质的分子结构与人体的蛋白质分子结构基本一致，极易被人体吸收利用，其吸收利用率几乎达到100%。此外，马铃薯还含有其他粮食作物中所没有的胡萝卜素和抗坏血酸。因此，营养学家认为："每餐只吃马铃薯和全脂牛奶就可获得人体所需要的全部营养元素""马铃薯是十全十美的全价营养食物"。在欧美国家特别是北美，马铃薯已成为第二主食。2015年，中国启动马铃薯主粮化战略，推进把马铃薯加工成馒头、面条、米粉等主食，使其成为稻米、小麦、玉米外的又一主粮。

马铃薯可以制作日常生活的多种菜肴，如炒土豆丝、牛腩炖土豆等。在食品加工业中，以马铃薯为原料，可加工成各种方便食品和休闲食品，如粉丝、粉条、方便面及油炸薯片、速冻薯条、膨化食品等。马铃薯鲜薯保质期一般为6~8个月，加工后不仅可比鲜薯增值10倍以上，而且可以极大地延长保质期。

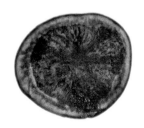

黄肉马铃薯　　　　　　　红肉马铃薯　　　　　　　紫肉马铃薯

马铃薯淀粉颗粒大，黏性高，稳定性好，口味温和，无刺激，是食品添加剂的最佳选择。同时还可深加工成果葡糖浆、柠檬酸、可生物降解的塑料、黏合剂、增强剂等多种添加剂。因此，马铃薯淀粉及其衍生产品被广泛用于食品、医药、纺织、造纸、铸造、石油钻井和建筑涂料等行业。日本仅利用马铃薯淀粉就开发出2 000多种加工产品。

马铃薯一些品种含有丰富的花青素。天然花青素具有优良的抗氧化和保健功能，是食品色素、保健产品和日用化工的高端原料，以马铃薯为原料的花青素化工产业近年也开始兴起，国内外均具有较大的市场空间。

马铃薯还有较广泛的药用价值。我国中医学认为，马铃薯有和胃、健脾、益气的功效，还有解毒、消炎的作用。

马铃薯的块茎（土豆）发芽后会产生有毒生物碱——龙葵素，食后可引起中毒，要特别注意食用安全。

马铃薯用途多，产业链条长，是农业加工产品最丰富的原料作物。同时，马铃薯生长季节短，茬口安排丰富，生产效益高，已成为我国种植业结构调整、农业增效和农民增收的主要经济作物之一。为缓解粮食危机，实现千年发展目标，联合国将2008年确定为"国际马铃薯年"。这是联合国有史以来第二个以作物命名的年份，充分说明马铃薯在保障粮食安全方面的重要地位。

参考文献

屈冬玉，谢开云，金黎平，等. 2005. 中国马铃薯产业发展与食物安全[J]. 中国农业科学，38（2）：358-362.

谢从华. 2012. 马铃薯产业的现状与发展[J]. 华中农业大学学报（社科）（1）：1-4.

佟屏亚. 1990. 中国马铃薯栽培史[J]. 中国科技史料（11）：10-19.

21 甘薯

东风送雨神州绿，

甘薯田园现生机。

藤叶繁盛漫如毯，

瓤肉甘腴柔似饴。

21.1 甘薯的起源与分布

甘薯〔学名：*Ipomoea batatas*（L.）Lam〕又名甜薯、地瓜、番薯、白薯、红薯，是旋花科甘薯属一年生草本植物。甘薯起源于墨西哥以及从哥伦比亚、厄瓜多尔到秘鲁一带的热带美洲。15世纪传入欧洲，16世纪传入亚洲和非洲，16世纪末从南洋引入中国福建、广东，而后向长江、黄河流域及台湾地区传播。甘薯最早传进中国约在明朝万历年间，至今已有400多年的历史。据史料记载，明朝万历二十一年，在吕宋（即菲律宾）做生意的福建长乐人陈振龙见当地种植一种叫"甘薯"的块根作物，"大如拳，皮色朱红，心脆多汁，生熟皆可食，产量又高，广种耐瘠"。想到家乡福建山多田少，土地贫瘠，粮食不足，决心把甘薯引进中国。而当时菲律宾处于西班牙殖民统治之下，视甘薯为奇货，"禁不令出境"。陈振龙经过精心谋划，"取薯藤绞入汲水绳中"，并在绳面涂抹污泥，于1593年初夏，巧妙躲过殖民者关卡的检查，"始得渡海"，航行7天到达福建厦门。甘薯因来自域外，闽地人称为"番薯"。番薯传入中国后，即显示出其适应力强、无地不宜的优良特性，故能很快向内地传播。

目前，甘薯主要分布在北纬40°以南的100多个国家。栽培面积以亚洲最多，非洲次之，美洲居第3位。中国是世界上最大的甘薯生产国，常年甘薯种植面积为7 500万～8 000万亩，占中国耕地总面积的4.2%。中国甘薯以占世界60%左右的种植面积，收获了占世界80%左右的产量，是名副其实的甘薯大国。甘薯在中国分布很广，以淮海平原、长江流域和东南沿海各省最多，种植面积较大的有四川、河南、山东、重庆、广东和安徽等地。

21.2　甘薯的特征特性

甘薯的地下部分具圆形、椭圆形或纺锤形的块根。茎匍匐生长，依据生长环境条件，匍匐的蔓茎可长到1～3米，甚至更长。叶片通常为宽卵形。蔓茎和叶片有绿、紫、褐等不同颜色。甘薯属喜光的短日照作物，性喜温，耐热性好，不耐寒，在盛夏5—10月生长迅速。根系发达，较耐旱，对土壤要求不高，耐酸碱性好，pH值在4.2～8.3的地块均可正常生长。

黄金叶甘薯

甘薯具有高产、稳产、适应性广、营养丰富和用途多样等特性。甘薯的皮有红、白两种类型：红皮包括淡红、红和红紫色；白皮包括淡黄、黄褐和白色。薯肉的颜色有白、黄、杏黄、橘红

紫花叶甘薯

等多种，白色薯肉含淀粉多，味道稍差，适宜制淀粉；红色薯肉含糖分多，味甜，宜蒸煮食用。甘薯由于营养丰富并具有多种保健功效，被人们称为"冠军菜"，欧美人称它为"第二面包"，苏联科学家说它是"宇航食品"。

21.3　甘薯的经济价值

甘薯是世界上重要的粮食、饲料、工业及新型能源用的块根作物。

人们已经逐步认识到，甘薯已不是昔日所说的"粗粮""救灾糊口粮"，而是营养十分丰富、齐全，并且具有重要保健和防治疾病功能的食物。甘薯营养价值不亚于大米和白面，所含的膳食纤维质地细腻，不伤肠胃，对预防疾病与维护身体健康具有重要功能，是医学营养学家所推崇的食

物纤维来源。甘薯既可作为主食直接食用，与大米、玉米面等掺在一起，做成煎饼、馒头、面条等食品，又可作为副食，加工成果脯、甘薯干、甘薯糖水罐头、粉条等，都受到人们的喜爱。

甘薯在古代就已经被认识到有很好的保健功能。《本草纲目》记载："甘薯有补虚乏、益气力、健脾胃、强肾阴的功效。"现代医学研究证实甘薯有预防结肠癌和乳腺肿瘤作用。日本国立癌症预防研究所公布的20种抗癌蔬菜排行榜中，熟甘薯名列首位，生甘薯第二。此外，紫甘薯有明显改善肝功之效，在日本此类甘薯极受人们的欢迎。白甘薯有预防糖尿病作用。红心甘薯富含维生素A，食用可避免维生素A缺乏症。

甘薯茎叶尤其茎尖和叶片富含维生素和矿物质，甘薯叶在中国、日本、朝鲜、韩国及东南亚地区用作蔬菜，香港称之为"蔬菜皇后"。从甘薯茎叶中可提取浓缩叶蛋白，其营养价值不逊色于豆、谷等种子的蛋白，而且富含微量元素与钙质，是良好的钙质补充剂。

甘薯脂肪含量奇少（0.2%），是其他食物无法比拟的。将其作为主食，坚持每日食用一餐，其丰富的纤维素，使人有"酒足饭饱"和"肠胃宽舒"之感，可以有效地预防肥胖。

此外，甘薯生物产量高，是生产酒精的主要原料，作为新型能源植物已经引起多国的高度重视。甘薯的块根和茎叶中含有较丰富的营养成分，是牲畜的上好饲料。甘薯也是优良的彩叶地被植物和边坡绿化材料。长茎可用于室外花坛色块布置，也可盆栽悬吊观赏，2008年北京奥运会时，很多花坛布景就是用甘薯叶装扮的。

参考文献

贺学勤. 2004. 中国甘薯地方品种的遗传多样性分析[D]. 北京：中国农业大学.

刘庆昌. 2004. 甘薯在我国粮食和能源安全中的重要作用[C]// 中国粮食安全战略——第九十次中国科协青年科学家论坛文集.

夏春丽，于永利，张小燕. 2008. 甘薯的营养保健作用及开发利用[J]. 食品工程（3）：28-31.

张立明，王庆美，王荫墀. 2003. 甘薯的主要营养成分和保健作用[J]. 园艺与种苗，23（3）：162-166.

赵秀玲. 2008. 甘薯的营养成分与保健作用[J]. 中国食物与营养（10）：58-60.

22 菜豆

菜花香暖豆苗肥，
四季常青引蝶飞。
嫩荚美味人称赞，
鲜蔬优品名不斐。

22.1 菜豆的起源与分布

菜豆（学名：*Phaseolus vulgaris* L.）是豆科菜豆属一年生草本植物，也称为芸豆、饭豆、四季豆。原产于中美洲，考古学家在墨西哥发现公元前7 000多年的菜豆化石。后来传入北美和南美洲，在秘鲁形成了大粒和大荚型。1492年哥伦布到达美洲后，由西班牙人传到欧洲，再传到其他各地。16世纪末中国引种栽培，并产生软荚变种*P. vulgaris* L. var. *chinensis* Hort.，形成次生起源中心。1551年第一次用英文称菜豆为

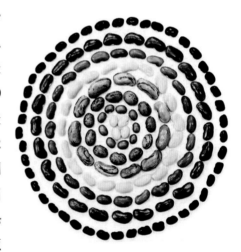

普通菜豆（武晶供图）

kidney bean。1654年从中国传到日本。现在已广泛种植于全球热带至温带地区。

菜豆是世界栽培面积较大的食用豆类作物之一，根据联合国粮农组织统计，普通菜豆全世界年种植面积约为5.5亿亩，总产约3 140万吨，约占食用豆类总产量的50%，仅次于豆科作物大豆。主要分布在拉丁美洲、亚洲和非洲。主产国为印度、巴西、中国、墨西哥、美国及乌干达。中国各地均

有栽培，主产区为云南、贵州、陕西、河北、黑龙江、山西、吉林及台湾
等省。

22.2 菜豆的特征特性

菜豆按株型分为矮生型（30～60厘米）、半蔓型（1.5米）和攀缘蔓生
型（2～4米）。根据食用器官的不同，普通菜豆被划分为两大类。以食用籽
粒为主的称为芸豆或饭豆，以食用嫩荚为主的称为四季豆。菜豆每荚含种子
4～10粒，种皮有白、黄、褐、红、紫红、蓝和黑等色及各种花纹和花斑。
干菜豆分为四种类型：海军豆（navy beans）即小粒型菜豆，粒长0.8厘米以
下，主要制作罐头；中粒型菜豆（medium haricot beans），粒长1～1.2厘米；
玉豆（marrow beans），粒长1～1.5厘米；肾形豆（kidney beans），粒长1.5
厘米以上，粒肾形。

菜豆（苗、花、果实）

菜豆为喜温作物，不耐霜冻，生长适宜温度为15～25℃，10℃以下的低
温或30℃以上的高温影响生长和正常结荚。菜豆对光照变化极为敏感，光照
弱时，植株徒长，茎蔓节数和叶片减少，连续2天阴天就会落花。菜豆属短
日照蔬菜，但多数品种对日照长短要求不严格，四季都能栽培，故有"四季
豆"之称。南北各地均可相互引种，中国栽培的多为此类品种。

国际热带农业研究中心（CIAT）保存菜豆种资源2.8万余份。目前，我国

已收集保存有6 500余份种质资源。这些资源来自于安第斯基因库和中美基因库，包括野生种、地方种和现代育成品种。

22.3 菜豆的经济价值

菜豆具有粮食、蔬菜、饲料和肥料等广泛用途。

菜豆每百克籽粒含蛋白质19～31克，脂肪1.3～2.6克，人体必需的8种氨基酸，而且含有钙、磷、铁及各种维生素，具有高蛋白、中淀粉、低脂肪和营养元素丰富等特点，是人类十分重要的植物蛋白质来源。嫩荚可作为蔬菜食用，可煮食、炒食或凉拌，还可以加工成脱水菜或制成罐头，是一种鲜嫩可口、色、香、味俱佳，营养丰富的优质蔬菜。籽粒可与玉米、大米、小麦面粉混合做主食，也是制作豆沙和糕点的原料，如北京宫廷点心"芸豆糕"，就是以菜豆作为原料。此外，菜豆还可作为食品添加剂和味精的优质原料，是出口创汇的优质农产品。我国的红、白腰子豆，小白芸豆、奶花豆等均为国际市场的畅销货。

我国自古以来用菜豆籽粒入药，有滋补、清凉、利尿、消肿作用；并含有植物血细胞凝集素，是一种糖蛋白，它能选择凝结或结合红细胞、胚胎细胞、肿瘤细胞和卵细胞等，并能刺激淋巴细胞转化，使之具有免疫性，继而进行细胞分裂，抑制白细胞和淋巴细胞的移动，在医学上可配合化疗和放疗，对肿瘤有消退作用。菜豆还是一种难得的高钾、高镁、低钠食品，尤其适合心脏病、动脉硬化、高血脂、低血钾症和忌盐患者食用。

菜豆茎蔓、枝叶可作饲料；与玉米或其他作物间作，不仅可以增加豆类生产，而且可提高土壤肥力。需要特别注意的是菜豆籽粒中含有一种毒蛋白，必须在高温下才能被破坏，所以食用菜豆必须煮熟煮透，更好地发挥其营养价值。

参考文献

段醒男，丁国庆.1987.普通菜豆概述[J].农业科技通讯（6）：10-11.

宗绪晓，杨涛，刘荣.2019.带您认识食用豆类作物[M].北京：中国农业科学技术出版社.

23　蚕豆

蚕豆花开彩蝶飞，
田园美景人将醉。
忽闻绿野春已暮，
丰收凯歌落日辉。

23.1　蚕豆的起源与分布

蚕豆（学名：*Vicia faba* L.）是豆科豌豆属一年生或越年生草本植物，别名南豆、胡豆等，英文名Broad bean或Faba bean。蚕豆是人类栽培最古老的食用豆类作物之一，起源于西伊朗高原到北非一带。公元1世纪蚕豆开始传入我国，至今已有2 000多年的种植历史。目前世界上有40余个国家种植蚕豆。种植面积和产量较多的国家主要有中国、埃塞俄比亚、摩洛哥等。中国是世界上蚕豆栽培面积最大的国家，产量也最高，据2000年统计，中国蚕豆生产总面积达1 689万亩，占世界种植面积的59%，产量达250多万吨，占世界总产的61%。蚕豆是我国传统对外贸易的重要农产品资源，主要分布西南、长江流域及西北地区，包括云南、四川、重庆、湖北、甘肃和青海等地。云南是中国蚕豆栽培面积最大的省份，常年播种面积400多万亩，产量居全国之首，达50万吨。

蚕豆幼苗

23.2　蚕豆的特征特性

蚕豆株高30～100厘米。茎秆粗壮，直立。主根短粗，多须根，根瘤粉红色，密集。每个荚果一般有种子2～4粒，长方圆形，种皮革质，青绿色，灰绿色至棕褐色，稀有紫色或黑色；种脐线形，黑色，位于种子一端。蚕豆发芽的最低温度为3～8℃，最高温度为25～35℃，以15℃为最适宜。开花结荚期的适宜温度为15～20℃。

我国蚕豆依据播种时期可分为秋播蚕豆和春播蚕豆。秋播主要分布在中国南方，秋季播种，翌年春夏季收获，种植面积占全国的90%，产量占80%；春播蚕豆主要分布在北方，春季播种，当年收获，种植面积占全国的10%，产量占20%。

蚕豆作为水稻、小麦和玉米等作物的良好前茬，在轮作或套作中占有重要地位，特别在稻田土壤培肥和病虫防控方面有着重要作用。蚕豆的耐寒力强，在南方多作为冬播作物栽培，不仅不与主粮争时争地，而且交替轮种蚕豆还能产生良好的经济效益。

23.3　蚕豆的经济价值

蚕豆是世界上第三大重要的冬季食用豆作物。营养极其丰富，是一种高蛋白、低脂肪、富淀粉的作物。其籽粒蛋白质含量为25%～35%，是豆类中仅次于大豆、四棱豆和羽扇豆的高蛋白豆种。富含8种必需氨基酸，还含糖、矿物质、维生素和多种矿质元素。既可作为传统口粮，又是现代绿色食品和营养保健食品。

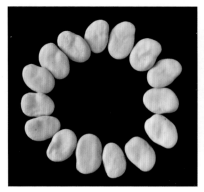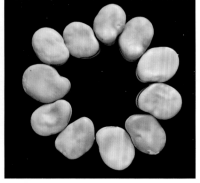

不同颜色大小的蚕豆种子

　　新鲜蚕豆可直接烹饪食用，或加工成蚕豆制品。传统的蚕豆制品一般包括非发酵豆制品和发酵豆制品。非发酵豆制品种类多样，如五香豆、凉粉、粉皮、豆瓣沙等。发酵豆制品一般包括豆瓣酱、豆瓣辣酱、酱油和甜面酱等调味品，如四川的郫县豆瓣。用蚕豆磨粉可以制作多种糕点、小吃，用蚕豆做成的煮蚕豆、茴香豆也是人们喜爱的大众食品。

　　蚕豆除了是较好的粮、菜兼用作物外，同时其植株又是很好的肥料，原因在于蚕豆的根瘤菌丰富，是很好的固氮作物，对改良土壤和培肥地力具有良好效果。蚕豆的干鲜茎也是牲畜的好饲料，籽粒提取物也可以作为鱼饲料的原料。

　　蚕豆的药用价值鲜为人知，除根以外，蚕豆全身都可入药。性平味甘、有健脾、利湿、凉血、止血和降血压的功效，并能治疗水肿。英国科学家提出，蚕豆的外源凝集素蛋白（lectin）可以抑制癌细胞生长，有助于防治肠癌。此外，蚕豆花含有大量的左旋多巴，可用于制作蚕豆花茶，对帕金森病和阿尔茨海默病有食疗作用。

　　值得注意的是，蚕豆不可生吃，脾胃虚弱者不宜多食。对蚕豆过敏、有遗传性血红细胞缺陷症以及蚕豆症患者均不宜食用。食多可能引起腹胀，消化不良者注意每天控制在一定的量。

参考文献

谷成林，段红平. 2005. 中国蚕豆生产的回顾与发展趋势[J]. 云南农业大学学报，20（5）：671-675.

李爱萍，郑开斌，蔡宣梅. 2001. 蚕豆的利用价值[J]. 粮油食品科技，9（4）：45-46.

李清泉，王成，王芳，等. 2008. 蚕豆的开发利用及高产栽培技术[J]. 园艺与种苗，28（2）：121-122.

宗绪晓，杨涛，刘荣. 2019. 带您认识食用豆类作物[M]. 北京：中国农业科学技术出版社.

24 豇豆

满苑春色豆花香，

蜂蝶漫舞戏朝阳。

回首佳园何处在，

遍地神州乐未央。

24.1 豇豆的起源与分布

豇豆〔学名：*Vigna unguiculata*（Linn.）Walp.〕为豆科豇豆属一年生草本植物。俗称角豆、姜豆、带豆、挂豆角。豇豆起源于非洲，多样性中心在尼日利亚。豇豆传到印度后，形成了短荚豇豆种；在东南亚或中国形成了长豇豆亚种。豇豆主要分布于非洲、南亚、远东和东南亚，其次为中南美洲（主要为巴西）和澳大利亚。中国各地常见栽培。在我国主要分布于海南、广东、广西、福建、台湾、江西、湖

干豇豆豆荚

南和湖北等省区，长江以北各地也有种植。根据联合国粮农组织的统计资料，2016年度干豇豆收获面积18.83万亩，总产1.38万吨。

24.2 豇豆的特征特性

豇豆的茎呈缠绕状或近直立。种子多为肾形，也有球形和近椭圆形，种皮光滑，长6～12毫米。粒色有白、红、红白、黄白、紫色和暗红色等。豇豆是旱地作物，比大多数其他豆类作物适应性强，耐旱及耐瘠薄。当气温稳定在10℃即可播种。在豇豆生长到一定阶段时，需要搭建人字架，并且在各个人字架之间拉设横线，通常架高设置2米。豇豆从开花到生理成熟的阶段需要

经历15～23天，而豇豆的成品一般在开花以后9～11天便可收取。

豇豆花

豇豆是世界上主要的食用豆类作物，也是我国六大食用豆类作物之一，我国共收集保存豇豆种质资源4 700余份。豇豆分为普通豇豆和长豇豆两种。

24.3　豇豆的经济价值

豇豆是人们餐桌上的美食之一，不但能调颜养生，还具有健胃补肾的作用。豇豆提供了易于消化吸收的优质蛋白质，适量的碳水化合物及多种维生素、微量元素等，可补充机体的营养素。普通豇豆因荚壳纤维多，嫩荚不宜食用，主要用途为收获干豇豆，以干豇豆制作其他食品，如与米共煮可作主食，也可作豆沙、糕点馅料和八宝粥等；其茎叶可作饲料。长豇豆的嫩荚肉质肥厚，主要用作蔬菜，既可热炒，又可焯水后凉拌。另外，还可用于腌泡、速冻、干制，加工成罐头等。李时珍称"此豆可菜、可果、可谷，备用最好，乃豆中之上品"。

长豇豆

干豇豆还含有能促进胰岛素分泌的磷脂，可以参与糖代谢，是糖尿病患者的理想食品。中国民间素有"活得长，吃杂粮""要长寿，多吃豆"等说法，多吃豇豆对人体健康有益是毋庸置疑的。

需要特别提醒的是豇豆要烹饪热透食用，不熟易导致腹泻、中毒。

参考文献

王良忠. 2014. 豇豆的营养价值及秋季高产高效栽培技术[J]. 魅力中国（9）：109.

宗绪晓，杨涛，刘荣. 2019. 带您认识食用豆类作物[M]. 北京：中国农业科学技术出版社.

25 绿豆

绿豆美食满店香，
老幼皆宜奉客尝。
药食兼得皆上品，
恩泽世人远名扬。

25.1 绿豆的起源与分布

绿豆（学名：*Vigna radiata* L.）为豆科豇豆属一年生草本植物。别名青小豆（因其颜色青绿而得名）、菉豆、植豆、文豆、吉豆等。绿豆起源于亚洲东南部。中国云南、广西等地也发现过野生绿豆，因此被认为是绿豆的起源中心之一。绿豆主要分布在温带、亚热带及热带地区，世界上最大的绿豆生产国是印度，其后是中国、泰国、缅甸和菲律宾等国家。绿豆在中国已有2 000余年的栽培史，主要集中在黄河、淮河流域及东北地区。目前我国绿豆种植面积在1 000万亩左右，其中以内蒙古自治区绿豆种植面积最大，常年在200万亩以上；其次为吉林省，常年种植150万亩以上；以下依次为黑龙江、山西、河南、安徽、广西、

绿豆豆荚

四川、重庆、湖南、陕西和河北等地；其余省（自治区、直辖市）种植面积较小。从产量看，吉林和内蒙古最多，合计占总产量的42%。

25.2　绿豆的特征特性

绿豆茎秆有的直立生长，有的爬蔓生长，还有的介于两者之间，或称半蔓型。一般株高20~60厘米，但有的品种株高可达150厘米以上。单荚种子一般10~14粒，种皮有绿、黄、褐、蓝青和黑5种颜色，生产中以绿色为多。绿豆属喜温作物，生育期间需要较高的温度，适宜生长温度为18~20℃。

目前生产上一般将绿豆分为明绿豆和杂绿豆两类，根据这样的品种类型，大致可以将我国绿豆种植分为两个大区：吉林、内蒙古的明绿豆产区和河南、湖南、湖北、陕西、山西、重庆

黑绿豆

及陕西等地的杂绿豆产区。明绿豆品质较好，有光泽，但产量有限，价格较高；杂绿豆品质一般，无光泽，产量较大，价格较低。

25.3　绿豆的经济价值

绿豆的经济价值高，用途很多，被誉为"绿色珍珠"，广泛应用于食品工业、酿造工业和医药工业等。绿豆属高蛋白、低脂肪和中淀粉的医食同源作物，是人们理想的营养保健食品。传统绿豆制品有绿豆糕、绿豆酒、绿豆饼、绿豆沙、绿豆粉皮、粉条和粉丝等，为广大群众所喜爱，在中国已有悠久的历史。绿豆发芽后培养的豆芽菜，可以作为蔬菜，味美可口。绿豆与小米或大米配合煮粥，也是人们喜爱的美食。以绿豆为主料之一制作的八宝粥是人们的出行旅游佳品。

绿豆药用价值高，绿豆的籽粒、花、叶和豆芽皆可入药，有消肿益气、

利尿止渴、解热消暑的功效。绿豆清热之功在皮，解毒之功在肉。绿豆汤是家庭常备夏季饮料，清暑开胃，老少皆宜。现代医学研究证明，绿豆还具有降血脂、降胆固醇、抗过敏、抗菌、抗肿瘤、增强食欲和保肝护肾的功效。

绿皮绿豆　　　　　　　　　　黑皮绿豆

绿豆的豆秧、粉渣是很好的畜禽饲料。绿豆还可作为夏季绿肥，对增强土壤肥力，改良土壤非常有效。

绿豆耐瘠、耐阴等生长特点使其成为经济欠发达地区脱贫致富的主要作物。绿豆还是中国重要的出口商品，年出口绿豆约20万吨，著名品牌如张家口鹦哥绿、吉林白城绿豆等在国内外市场久享盛誉。随着我国人民生活水平的逐步提高和膳食结构的变化，国内绿豆需求将稳步增长。

参考文献

曾志红，王强，林伟静，等. 2011. 绿豆的品质特性及加工利用研究概况[J]. 作物杂志（4）：16-19.

刘慧. 2012. 我国绿豆生产现状和发展前景[J]. 农业展望（6）：38-41.

王丽侠，程须珍，王素华. 2009. 绿豆种质资源、育种及遗传研究进展[J]. 中国农业科学，42（5）：1 519-1 527.

张会娟，胡志超，吕小莲，等. 2014. 我国绿豆加工利用概况与发展分析[J]. 江苏农业科学，42（1）：234-236.

宗绪晓，杨涛，刘荣. 2019. 带您认识食用豆类作物[M]. 北京：中国农业科学技术出版社.

26　小豆

豆红花黄禾苗肥，

蜂蝶漫舞入翠微。

庭园美景收不尽，

又见农家笑颜归。

26.1　小豆的起源与分布

　　小豆（学名：*Vigna angularis* Willd.）是豆科豇豆属一年生草本植物。古名荅、小菽、赤菽等；别名红小豆、赤豆、赤小豆、五色豆、米豆、饭豆。英文名Adzuki bean。小豆起源于亚洲东南部，我国中部和西部山区及其毗邻的低地均包括在起源地之内，在喜马拉雅山脉曾采集到小豆野生种和半野生种，近年来在辽宁、云南、山东、湖北和陕西等地也发现了小豆野生种及半野生种。世界上小豆主要集中种植在亚洲国家，如中国、日本和韩国等，故亦被称为"亚洲作物"，非洲、欧洲及美洲也有生产。据史书记载及考古学发现，中国小豆栽培已有2 000多年的历史，是最大的小豆生产国，年种植面积450万亩左右，年际间虽有波动，但总体呈渐升趋势。我国小豆产区主要集中在华北、东北和江淮地区，其面积和产量约占全国小豆生产的70%。其中以黑龙江省种植面

红小豆

积最大，常年在180万亩以上，其次为内蒙古自治区，常年种植30万亩以上，以下依次为陕西、山西、吉林、安徽、江苏、辽宁、云南、贵州和河北等省，其余省（自治区、直辖市）种植面积较小。日本为小豆第2大生产国，年种植面积为90万～120万亩。韩国年种植面积37万亩左右。

26.2 小豆的特征特性

小豆的茎秆直立或缠绕，株高30～180厘米。分为直立、蔓生和半蔓生三种类型。荚皮较厚不透明，每荚有种子4～11粒。种脐白色，大而明显。种子颜色有红、黄、绿、灰、白、黑、花纹和花斑等。以红小豆最为常见，有光泽、鲜红色、短圆柱形的红小豆最受欢迎。

小豆生育期短，耐瘠、耐阴，适应性强，在各种类型土壤上都能种植，甚至微酸和轻度盐碱地也能种植，并有固氮养地的能力，种过小豆的土壤比较肥沃，有"油茬"之称。小豆是禾谷类作物、棉花、薯类等间作套种的适宜作物和良好前茬。小豆多种植在生产条件较差的贫困地区，是农民脱贫致富的重要经济作物。

小豆（王兰芬供图）

26.3 小豆的经济价值

小豆的蛋白质含量平均为22.65%，比一般禾谷类蛋白质含量高。除含有丰富维生素、矿质元素等营养物质外，还具有活血、利水等药用价值，是广受欢迎的医食两用作物。红小豆被誉为粮食中的"红珍珠"，既是调剂人民生活的营养佳品，又是食品、饮料加工业的重要原料之一。在盛夏，红小豆汤不仅解渴，还有清热解暑的功效。可用小豆与大米、小米、高粱米等煮粥、做米饭，或用小豆面粉与小麦粉、大米面、小米面、玉米面等配合成杂粮面，能制作多种食品。小豆出沙率为75%，主要制作豆沙。豆沙可制作多种中西式糕点，如豆沙包、油炸糕、豆沙月饼、豆沙粽子、小豆沙糕、豆沙春卷、奶油豆沙蛋糕，以及冰糕、冰激凌、小豆冰棍等冷饮。以小豆为主料之一制作的八宝粥是人们出行旅游的方便佳品。

小豆具有一定的药用价值，《本草纲目》和《中药大辞典》分别介绍小豆籽粒性味甘甜、无毒，入心及小肠经。小豆含有较多的皂角苷，可刺激肠道，有良好通便、利尿作用，能解酒、解毒，对心脏病、肾病和水肿均有一定防治作用。每天吃适量小豆可净化血液，解除心脏疲劳。另外，丰富的纤维不仅可以通气、通便，而且可以降低胆固醇。现代医学还证明，小豆对金黄色葡萄球菌、福氏痢疾杆菌和伤寒杆菌都有明显的抑制作用。

小豆幼嫩的秸秆也可作为青贮饲料或绿肥。豆芽可作蔬菜。小豆也是我国重要的出口杂粮之一，主要出口至日本、韩国。经加工后的小豆产品作为我国传统农副产品，享誉海内外。此外，小豆还是补种、填闲和救荒的优良作物。

参考文献

李会芬.2010.我国红小豆的利用及加工现状[J].现代农村科技（22）：67-68.

王丽侠，程须珍，王素华.2013.小豆种质资源研究与利用概述[J].植物遗传资源学报（3）：78-85.

宗绪晓，杨涛，刘荣.2019.带您认识食用豆类作物[M].北京：中国农业科学技术出版社.

27 白菜

白菜黄花彩蝶飞，
西风吹雨送春归。
莫道农家无乐事，
悠闲庭院落日辉。

27.1 白菜的起源与分布

白菜［学名：*Brassica pekinensis*（Lour.）Rupr.］又称大白菜、黄芽菜、包心白菜，十字花科芸薹属二年生草本植物，是我国原产和特产蔬菜，栽培历史悠久。主要产区在长江以北，种植面积占秋菜面积的30%～50%。据考证，在我国新石器时期的西安半坡原始村落遗址发现的白菜籽距今有6 000～7 000年。明代李时珍引陆佃《埤雅》说："菘，凌冬晚凋，四时常见，有松之操，故曰菘，今俗谓之白菜。"

白菜19世纪传入日本、欧美各国。如今的白菜种类很多，北方的白菜有山东胶州大白菜、北京青白、东北大矮白菜、山西阳城的大毛边等。南方的白菜是由北方引进的，其品种有乌金白、蚕白菜、鸡冠白和雪里青等，都是优良品种。

大白菜幼苗

27.2　白菜的特征特性

白菜是二年生草本植物，一般高40～60厘米。依据剖面的颜色，大白菜的球色可分为白色、浅黄色、黄色、橘红色和紫色等。我国育成的京秋新56号、北京小杂56号为翻心、浅黄色大白菜。日本和韩国最早育成了黄色和橘红心大白菜品种。黄心的春白菜品种和春娃娃菜品种为反季节高山蔬菜的主推品种，占有重要的市场份额。继黄色、橘红心大白菜后，国

白菜花

内育成了紫罗兰小白菜、紫冠小白菜和京研紫快菜等白菜品种，韩国还育成了紫色大白菜品种，紫色大白菜具有色泽艳丽、风味独特和富含花青苷等优点。

白菜比较耐寒，喜好冷凉气候，因此适合在冷凉季节生长。如果在高温季节栽培时，容易发生病虫害，或品质低劣，产量低，所以不适合在夏季栽培。它对低温的抵抗能力非常强。温度达-3℃以后，如能逐渐升温，也能恢复生长。但在气温降到-11℃时，就会遭受冻害不能正常生长。白菜适于栽植在保肥、保水并富含有机质的壤土、沙壤土及黑黄土中，不适于栽植在容易漏水漏肥的沙土地，更不适于栽植在排水不良的黏土地。

可上市的大白菜

27.3 白菜的经济价值

白菜为东北及华北地区冬、春季主要蔬菜，同时也是我国种植面积最大的蔬菜，被称为"百菜之王"，是中国第一大蔬菜。易储藏，耐运输，价格实惠，品质柔嫩，可供炒食、煮食、生食、盐腌和酱渍，是名副其实的"平民菜"和"百搭菜"。外层脱落的菜叶还可作饲料。

白菜含有丰富的维生素、膳食纤维和抗氧化物质，能促进肠道蠕动，帮助消化，具有较好的保健功能。其维生素C含量高于苹果和梨，与柑橘类居于同一水平，所含微量元素亦很突出，其中锌的含量比一般蔬菜及肉、蛋等食品都多。因此，白菜是一种营养极其丰富的大众化蔬菜，也是人体所需微量元素的宝库，有"百菜不如白菜""冬日白菜美如笋"之说。如果与肉类同食，既可增添肉的鲜美味，又可减少肉中的亚硝酸盐类物质。正如俗语所说："肉中就数猪肉美，菜里唯有白菜鲜"。

药膳同工白菜最能体现。清代《本草纲目拾遗》记载："白菜汁，甘温无毒，利肠胃，除胸烦，解酒渴，利大小便，和中止嗽"，并说"冬汁尤佳"。如配葱白、生姜、萝卜等煎汤饮，可治感冒。如捣烂，炒热后外敷脘部，可治胃病。白菜根配银花、紫背浮萍，煎服或捣烂涂患处，可治疗皮肤过敏症，尤其是对面部皮肤过敏症有较好疗效。生白菜汁和生萝卜汁内服还能治疗轻微煤气中毒。现代医学研究表明，白菜具有清热解毒、清肺化痰、止咳平喘之效。实验证明，85%的感冒患者每天饮用500毫升的白菜汁，症状明显减轻。白菜含有一种叫作吲哚-3-甲醛的化合物，它能促进人体产生一种重要的酶，这种酶能够有效抑制癌细胞的生长和扩散。

白菜还是减肥蔬菜，因为白菜本身所含热量极少，不至于引起热量储存。白菜中含钠也很少，不会使机体保存多余水分，可以减轻心脏负担。

参考文献

王昕.2014."百菜之王"大白菜的功效[J].农业知识（瓜果菜）（3）：59-60.

佚名.2014."百菜之王"大白菜的抗癌功效大揭秘[J].科学大观园（1）：14-15.

张德双，张凤兰，余阳俊，等.2018.白菜球色的研究进展[J].蔬菜（2）：30-35.

28 萝卜

红绿萝卜自相依，
鲜脆可口人称奇。
借问农家何处在，
神州遍地皆可期。

28.1 萝卜的起源与分布

萝卜（学名：*Raphanus sativus* L.）别名莱菔、芦菔，是十字花科萝卜属草本植物。一般认为萝卜起源于地中海东部和亚洲中西部，原始种为生长在欧亚温暖地域的野生萝卜。瑞典著名的植物学家林奈（1707—1778年）在其著作中曾明确指出，中国为萝卜的原产地。萝卜是世界上古老的栽培作物之一，远在4 500年以前，萝卜已成为埃及的重要食品。如今，萝卜在世界各地均有种植，欧洲、美洲国家以小型萝卜为主，亚洲国家以大型萝卜为主，尤以中国、日本栽培普遍。日本的萝卜是由中国传入，日语的萝卜名字有"唐物"之意。我国已经成为世界第一大萝卜生产国。截至2010年年底，我国萝卜种植面积占世界萝卜种植面积的40%，产量占世界萝卜产量的47%，萝卜的保鲜及速冻产品销往日本、韩国、俄罗斯、新加坡及中国香港、中国台湾等国家和地区，罐头产品则远销美国、德国、英国、法国及中东国家和地区，是近年来快速发展的主要出口创汇蔬菜品种之一。

白萝卜

中国栽培萝卜的历史悠久，《尔雅》（公元前300—公元前200年）对萝卜有明确的释意，称之为葖、芦萉（菔）等。"萝卜"一名最早见于元代《王祯农书》（公元1313年）载："芦萉一名莱菔，又名雹葖，今俗呼萝卜"。至明代得到李时珍确认，萝卜一名一直沿用至今。萝卜在我国蔬菜栽培面积中仅次于白菜，是中国第二大蔬菜，在民间有"小人参"的美称。俗话说"萝卜青菜，各有所爱"，足以证明萝卜在中华民族饮食文化中的"当家地位"。萝卜种类繁多，其中球型红皮、肉质白色的大红萝卜原产于我国，各地均有栽培，东北是我国大红萝卜主要产区。

28.2　萝卜的特征特性

萝卜株高20～100厘米，具有适应性强、生长期短、产量高等特点。在我国多数地区，一年四季均可种植萝卜，其中以秋冬萝卜为主。萝卜主要分为中国萝卜和四季萝卜。中国萝卜依照生态型和冬性强弱分为4个基本类型：秋冬萝卜类型，普遍栽培，代表品种有薛城长红、济南青圆脆、石家庄白萝卜、北京心里美和澄海白沙火车头等；冬春萝卜类型，主要分布在长江以南及四川省等冬季不太寒冷的地区，耐寒、冬性强、不易糠心，代表品种有成都春不老萝卜、杭州笕桥大红缨萝卜和澄海南畔洲晚萝卜等；春夏萝卜类型，普遍种植，较耐寒，冬性较强，生长期较短，一般为45～60天，代表品种有北京炮竹筒、蓬莱春萝卜、南京五月红；夏秋萝卜类型，黄河流域以南栽培较多，较耐湿、耐热，生长期50～70天，代表品种有杭州小钩白、广州蜡烛趸等。

水果萝卜

四季萝卜的肉质根较小而极早熟，适于生食和腌渍，主要分布在欧洲，尤以欧洲西部栽培普遍。中国栽培的四季萝卜品种有南京扬花萝卜、上海小红萝卜和烟台红丁等。

萝卜为半耐寒性蔬菜，种子在2～3℃便能发芽，茎叶生长适温为5～25℃。萝卜属于长日照植物，生长需要充足的阳光，以形成膨大的肉质根。

中国是萝卜的起源地之一，拥有世界上最丰富的萝卜种质资源，在长期进化和选择中形成了丰富多样的品种类型，如大小不一的肉质根，长形、圆形、扁形的肉质根，绿色、白色、红色的肉质根等。目前在我国国家蔬菜种质资源库中保存有2 000余份萝卜种质资源。

28.3　萝卜的经济价值

萝卜的块根作蔬菜食用，是我国秋、冬季的主要蔬菜之一。萝卜营养丰富，含有丰富的碳水化合物和多种维生素，其中维生素C的含量比梨高8～10倍。很多种类的萝卜可生食，不仅鲜脆可口，还可助消化，很受人们喜爱。据统计，以萝卜为原料与其他食用植物可搭配出近100种菜肴供日常食用，还可制成各种小菜。以萝卜为主要原料，可以开发出多种类型的萝卜系列食品，如液汁型萝卜食品、粉面型萝卜食品、食疗型萝卜食品。此外，还可腌制、干制和酱制，为多种加工食品的上好原料。

"冬吃萝卜夏吃姜，不劳医生开药方"，说的就是萝卜具有良好的药用价值。中医认为，萝卜性凉，味辛甘，具有很强的行气功能，还能止咳化痰、除燥生津、清热解毒、利便。种子、根、叶均可入药，其种子消食化痰、鲜根止渴、助消化，枯根利二便，叶治初痢，并预防痢疾。现代医学证明，萝卜可增强机体免疫力，并能抑制癌细胞的生长，对防癌、抗癌有重要作用。萝卜中的B族维生素和钾、镁等矿物质可促进胃肠蠕动，有助于体内废物的排出。常吃萝卜可降低血脂、软化血管、稳定血压，预防冠心病、动脉硬化、胆石症等疾病。

萝卜种子可以榨油，作为食用油或工业用油。萝卜亦可作为牲畜饲料，在我国南方还作为水田的绿肥作物栽培。

参考文献

陈发波，李先艳，傅雪梅. 2014. 中国萝卜种质资源遗传多样性研究进展[J]. 长江蔬菜（6）：5-9.

胡向东，李娜，何忠伟. 2012. 中国萝卜产业发展现状与前景分析[J]. 农业展望，8（10）：35-40.

李平，郁网庆. 2004. 国内胡萝卜产业现状与前景展望[J]. 中国果菜（3）：6.

汪隆植，何启伟. 2005. 中国萝卜（精）[M]. 北京：科技文献出版社.

张德纯. 2012. 蔬菜史话·萝卜[J]. 中国蔬菜（7）：42.

29 胡萝卜

27.1 胡萝卜的起源与分布

胡萝卜（学名：*Daucus carota* L.）为伞形科萝卜属二年生的草本植物。胡萝卜，一看"胡"姓，就知道肯定不是原产于中原的作物。胡萝卜起源于中亚和地中海地区，栽培历史在2 000年以上。据历史书籍记载和分子遗传学研究表明，阿富汗被认为是最初的驯化地和多样性中心，从那里传播至欧洲、地中海和亚洲其他地区。目前，胡萝卜在世界各地广泛栽培，已被许多国家公认为营养丰富的蔬菜。在日本，胡萝卜被作为"长寿菜"，荷兰人将胡萝卜列为"国菜"之一，我国也称

胡萝卜

胡萝卜为"土人参"。元末传入我国，已有600多年的栽培历史，其肉质根供食用，是春季和冬季的主要蔬菜之一，享有"丁香萝卜""菜人参""红根""金笋""甘笋"之美誉。在我国，胡萝卜南北各地均有栽培，特别是我国北方气候冷凉的地区，种植面积很大。

胡萝卜是世界上最重要的根菜类植物之一。野胡萝卜苦涩又小的根部作

为食物几乎没有吸引力。但经过人类长期的栽培和驯化，它已成为一种多用途的蔬菜，其颜色、形状和大小各异。2016年，世界胡萝卜产量为4 270万吨，中国产量占世界总产量的48%，中国是世界第一大胡萝卜生产国。其他主要生产国是乌兹别克斯坦、俄罗斯、美国、乌克兰和欧盟国家。

29.2　胡萝卜的特征特性

胡萝卜为两年生草本植物，在第一年叶子产生大量的糖储存在根部为第二年开花结果提供能量。茎高60～200厘米。胡萝卜的食用部分是块根，具有耐贮藏的特点。根圆锥形或圆柱形，表皮有橙红色、黄色、紫色等多种颜色。肉质多为紫红或黄色，生长良好的块根可达18～22厘米。

胡萝卜属半寒性作物，喜冷凉，在海拔100～1 500米，年平均气温在3～7℃的气候冷凉地区都适宜栽种，胡萝卜在苗期和根膨大期都需要浇水，但比果类蔬菜节水50%以上，适于沙壤土、轻壤土和黑钙

田间生长的胡萝卜

土等，肥料以有机肥料为主，对土壤要求低。此外，胡萝卜生长期需90～110天，产量高，亩产一般可达4～5吨。

29.3　胡萝卜的经济价值

胡萝卜既是普通的家常菜肴，又是具有极高营养价值及神奇疗效的医药保健食品。胡萝卜的营养成分极为丰富，含有糖类、蛋白质、脂肪、纤维素、多种维生素、各种无机盐、十多种酶、双歧因子、核酸物质、芥子油、伞形花内酯、咖啡酸、绿原酸和没食子酸等成分，细胞壁中还含有丰富的果胶酸酯。胡萝卜既可生吃，又可熟食，可烹调多种菜肴。有些品种的胡萝卜肉质脆嫩，鲜食口感极佳。胡萝卜蒸熟后可以加工成胡萝卜干或蜜饯，以及做成多种美食。

　　胡萝卜的 β-胡萝卜素含量为4%～13%，在蔬菜中含量最高，人体摄取后可转化为维生素A，具有促进生长、防止夜盲症和呼吸道疾病的作用，还可以增强免疫力、提高抗癌能力。对吸烟的人来说，每天吃点胡萝卜更有预防肺癌的作用。胡萝卜中还含有大量的类胡萝卜素、双歧因子等物质，这些物质可以增强免疫力，抗衰老，预防心血管疾病，并对增殖肠道益生菌有独特的疗效。此外，胡萝卜含有一种槲皮素，常吃可增加冠状动脉血流量，促进肾上腺素合成，有降压、消炎之功效。胡萝卜种子含油量达13%，可驱蛔虫，治长久不愈的痢疾。胡萝卜叶子可防治水痘与急性黄疸肝炎。长期饮用胡萝卜汁可预防夜盲症、干眼病，使皮肤丰润、皱褶展平、斑点消除及头发健美。

　　胡萝卜还是食品工业的重要原料。利用胡萝卜加工生产胡萝卜原汁、原浆半成品，可进一步加工生产各种各样纯天然果蔬汁饮料。而且 β-胡萝卜素与维生素C互配，可提高果汁的稳定性，具有良好的营养保健功效，广受消费者喜爱。

　　"身纤长，有红黄，小兔子们最爱抢"，胡萝卜的叶和块根可作为饲料，尤其是兔子的最佳食品。

　　胡萝卜滤渣以及胡萝卜缨都是胡萝卜加工后的副产物，可开发制成胡萝卜粉、动物饲料以及快餐盒等产品。

参考文献

陈瑞娟，毕金峰，陈芹芹，等. 2013. 胡萝卜的营养功能、加工及其综合利用研究现状[J]. 食品与发酵工业，39（10）：201-206.

祁正贤. 1994. 胡萝卜营养保健功能及其开发前景[J]. 青海科技（2）：37-42.

严怡红. 2003. 胡萝卜营养价值与功能食品加工[J]. 食品研究与开发（6）：120-122.

张雅稚. 2009. 胡萝卜的营养保健功能及产品开发利用[J]. 中国食物与营养（6）：41-42.

郑瑶瑶，夏延斌. 2006. 胡萝卜营养保健功能及其开发前景[J]. 包装与食品机械，24（5）：39-41.

30 韭菜

韭菜烹鲜催饭香，
形似麦苗两彷徨。
春秋壮美醉人意，
绿叶丛生笑群芳。

30.1 韭菜的起源与分布

韭菜（学名：*A. tuberosum* Rottl. ex Spreng.）属百合科多年生草本植物，又名丰本、草钟乳、起阳草、懒人菜、长生韭、壮阳草、扁菜等，具特殊强烈气味。原产亚洲东南部。适应性强，抗寒耐热，世界上已普遍栽培。中国各地也都有种植，南方不少地区可常年生产，北方冬季地上部分虽然枯死，地下部进入休眠，但等到春天表土解冻后就可继续萌发生长。

30.2 韭菜的特征特性

韭菜叶片簇生，呈扁平带状，一般高20~40厘米，与小麦幼苗相似，故有些人分不清麦苗和韭菜。韭菜作为多年生宿根蔬菜，性喜冷凉，土壤质地适应性强，适宜pH值为5.5~6.5。需肥量大，耐肥能力强。韭菜种植一次，收获3~4年；一年之中可收获多次。

韭菜

中国韭菜品种资源十分丰富，按食用部分可分为根韭、叶韭、花韭、叶花兼用韭四种类型。根韭主要分布在中国云南、贵州、四川和西藏等地，又名苤韭、宽叶韭、大叶韭、山韭菜、鸡脚韭菜等，主要食用根和花薹。叶韭的叶片宽厚、柔嫩，抽薹率低，主要以叶片、叶鞘供食用。花韭专以收获韭菜花薹部分供食。叶花兼用韭的叶片、花薹发育良好，均可食用。国内栽培的韭菜品种多数为这一类型。此外，在生产中，按韭菜叶片的宽度可分为宽叶韭和窄叶韭两类。

韭菜田

韭菜对于很多人来说，都是让人欢喜让人忧的食物。味道非常鲜美，但又担心吃后肚子不舒服。初春时节的韭菜品质最佳，晚秋次之，夏季最差。

30.3 韭菜的经济价值

韭菜除含有丰富的纤维素外，还含有多种维生素、尼克酸、胡萝卜素、碳水化合物及矿物质。韭菜的叶、花葶和花均可作蔬菜食用，种子可入药，具有补肾、健胃、提神、止汗固涩等功效。在中医里，有人把韭菜称为"洗肠草"。每100克韭菜含1.5克纤维素，比大葱和芹菜都高，可以促进肠道蠕动、预防大肠癌的发生，同时又能减少对胆固醇的吸收，起到预防和治疗动脉硬化、冠心病等疾病的作用。

韭菜花

　　韭菜味道非常鲜美，还有独特的香味。韭菜的独特辛香味是其所含的硫化物形成的，这些硫化物有一定的杀菌消炎作用，有助于提高人体免疫力。而且这些硫化物还能帮助人体吸收维生素B_1和维生素A，因此，韭菜与维生素B_1含量丰富的猪肉类食品互相搭配，是比较营养的吃法。

　　人们用韭菜可以制作多种菜肴和美食，常见的有韭菜炒鸡蛋、韭菜豆丝、韭菜炒肉、韭菜炒粉丝、韭菜炒虾仁、韭菜炒猪肝、韭菜虾仁汤、韭菜馅饺子和韭菜馅盒子等。

　　韭菜虽然对人体有很多好处，但也不是多多益善。现代医学认为，有阳亢及热性病症的人不宜食用。韭菜的粗纤维较多，不易消化吸收，所以一次不能吃太多韭菜，否则大量粗纤维刺激肠壁，往往引起腹泻。最好控制在一顿100～200克，不能超过400克。

　　韭菜抗寒性强，投资少，风险小，效益较高且稳定，适合规模化、反季节种植。而且韭菜病害少，操作简单，农民容易掌握其栽培技术，经济效益前景好。

参考文献

高国训. 2005. 韭菜生产关键技术百问百答[M]. 北京：中国农业出版社.

邬宝明，曹光磊，陈喜才. 2003. 试论韭菜产业化生产[J]. 中国种业（2）：12-13.

31 棉花

> 春雨飘迎杨柳绿，
> 秋风吹送棉花白，
> 遥想园田风景好，
> 丰收农家笑颜开。

31.1 棉花的起源与分布

棉花（学名：*Gossypium* spp.），锦葵科棉属一年生草本植物。原产于印度（粗绒棉）、南美洲（长绒棉）及中美洲（细绒棉）等地，后传遍世界各地。在棉花传入中国之前，中国只有可供充填枕褥的木棉，没有可以织布的棉花。宋朝以前，中国只有带丝旁的"绵"字，没有带木旁的"棉"字。"棉"字是从《宋书》起才开始出现的。可见棉花的传入，至迟在南北朝时期，但是多在边疆种植。棉花大量传入内地，当在宋末元初。因此，中国种植棉花历史悠久，已经有1 000多年。中国是世界第一产棉大国，同时也是最大的消费国。常年种植面积为8 000多万亩，约占世界种植面积的15%。总产和单产均居世界首位，总产占世界产量的25%，单产较世界平均水平高出50%。我国棉花种植主要分布在黄河流域、长江流域和西北内陆这三大主产棉区。目前种植面积最大的是新疆，以下依次为河北、湖北、山东、湖南、安徽、江西和河南

棉铃

等地。棉花产量较高的国家有中国、美国、印度、巴西、墨西哥、埃及、巴基斯坦、土耳其、阿根廷和苏丹等。

棉花共有四个栽培种：即陆地棉、海岛棉、亚洲棉和草棉。陆地棉原产于中美洲墨西哥南部和加勒比地区，所以又称美棉。适应性广、产量高、纤维较长、品质较好，商品上称为细绒棉，适合目前纺织业的需要。中国种植的棉花大多属于此类。海岛棉原产南美洲、中美洲和加勒比地区。纤维长、细且强，商品上称为长绒棉，适合纺织高档棉纺织品或与化学纤维混纺。哈萨克斯坦、乌兹别克斯坦、土库曼斯坦、塔吉克斯坦和吉尔吉斯斯坦等五国是重要的优质长绒棉生产国。我国新疆也产有长绒棉。亚洲棉是人类栽培和传播较早的棉种，早在史前时期，印度西南部就已栽培。由于在我国栽培的历史长、分布广、变异类型也多，故又称中棉。纤维粗而短，商品上称为粗绒棉。由于产量低，不适合机器纺织，已趋淘汰。草棉原产于非洲南部，产量低，纤维品质也不好，但极早熟，抗旱力强，可作为种质资源，在育种上加以利用。目前，陆地棉是主要栽培种，海岛棉有部分地区种植，亚洲棉和草棉几乎没有栽培。

31.2　棉花的特征特性

棉花是喜光作物，适宜在充足光照条件下生长。株高一般0.6～1.5米，有分枝。叶片阔卵形，直径5～12厘米，长、宽近相等。花朵乳白色，开花后不久转成深红色然后凋谢，留下绿色小型的蒴果，称为棉铃。棉铃呈卵圆形，棉铃内有棉籽，棉籽上的茸毛从棉籽表皮长出，棉铃成熟时裂开，露出柔软的纤维，长2～4厘米。

根据纤维长短粗细不同，可分为细绒棉、长绒棉和粗绒棉。细绒棉：一般指纤维长度在23～31毫米、细度在5 000～6 000米/克，强力纺33～90支纱，是我国轻纺工业的主要原料。长绒棉：一般指纤维长度在31～41毫米、细

棉花开花

度在6 500~8 500米/克，可纺100~200
支纱。粗绒棉：一般指纤维长度在
19~23毫米，细度在3 000~4 000米/
克，可纺15~30支纱。

棉花开花

按棉花颜色还可分为白棉、黄
棉、灰棉及天然彩棉。白棉是正常成
熟的棉花，棉纺厂使用的原棉绝大部
分为白棉。黄棉和灰棉质量差，棉纺
厂很少使用。天然彩棉是用远缘杂交、转基因等生物技术培育而成，减少印
染工序和加工成本，减轻环境污染，市场前景广阔。

按商品性能，棉花可分为籽棉、皮棉和絮棉等。籽棉是从棉株摘下来，
带有棉籽的棉纤维；皮棉又叫原棉，是籽棉加工后，轧除棉籽后的长纤维；
而从棉籽上还可剥下三道短纤维叫棉短绒；絮棉又叫熟棉，是皮棉再加工弹
成，可供絮用。其中皮棉是纺织工业的主要原料，也是国内外棉花市场上的
主要商品。

31.3 棉花的经济价值

棉花全身都是宝，既是最重要的纤维作物，又是重要的油料作物，还是
纺织、精细化工原料及重要的蜜源植物，在国民经济中占有重要地位，是人
们生活的必需品，是重要的战略物资。

棉花的根、茎、叶、籽粒和棉纤维都有使用价值，其中以棉纤维使用价
值最大。棉纤维能制成多种规格的织物，适于制作各类高档服装。由于坚牢
耐磨，能洗涤并在高温下熨烫。棉布吸湿和脱湿快速，穿着舒适，纯棉做成
的服装广受人们欢迎。以棉花做成的被褥，保暖性能好，轻便耐用。棉花还
可以用来造纸，制作的名贵纸张，结实耐用。以棉花为原料还可以制作家具
布和工业用布，以及医药用棉等。

轻工业产品中，石棉制品、汽车和飞机轮胎用的帘子线、传动带、电
线外皮线、人造琥珀、人造象牙等均需要棉花。棉短线中的头道绒可纺粗支
纱、织绒布、棉毯，也可制成絮棉、药棉以及各种高级纸张。而二、三道绒

通过化学处理，可制成各种纤维素及其制品，如黏胶（碱化）纤维素可制成人造丝、玻璃纸，硝化纤维素可制成无烟火药、赛璐珞、人造革和摄影胶卷等；醋酸纤维素可制人造丝、人造毛、涂漆、不碎玻璃、高级塑料等；铜氨纤维素可制高级人造丝等。

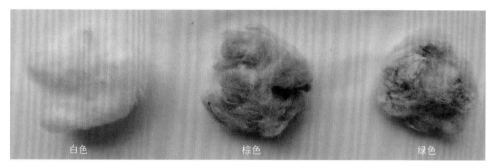

白色　　　　　　　　棕色　　　　　　　　绿色

棉花

棉花种子是重要的油料来源，棉籽油经过精加工后可以食用。棉籽油精炼后的皂角可用于制取洗涤用品、脂肪酸等产品，也可用于制备生物柴油。

棉花也是一种食用农作物。每年大约有7.6亿升的棉籽油被用来生产食品，比如薯条、黄油和沙拉调味品，也可以作为制作牙膏和冰激凌的原料。

棉花是最为特殊的一种蜜源植物，原因是棉花的叶脉、苞叶和花内都有蜜腺，同时也是花期最长的蜜源植物。产蜜量最高的是新疆棉花种植区，一般在7—9月开花，花期持续可达50～60天，最长甚至可达100天之久，整个流蜜期为40～50天，每群蜂可产蜜20～40千克。

参考文献

陈家麟.1991.关于我国历史上开始种植棉花的时间和地区问题[J].农业考古（1）：320-322.

喻树迅.2013.我国棉花生产现状与发展趋势[J].中国工程科学（4）：9-13.

张存信.1996.棉的用途及分类[J].中国土特产（3）：35.

32 籽粒苋

粮菜饲肥籽粒苋，
根深秆壮枝叶繁。
借问东风何处是，
花开时节遍田园。

32.1 籽粒苋的起源与分布

籽粒苋是红苋、千穗谷、绿穗苋与尾穗苋四个种的总称，均为苋科（Amaranthceae）、苋属（*Amaranthus*）的一年生粮食、饲料兼用作物。籽粒苋原产于热带的中美洲和南美洲，现已广泛传播到其他热带、温带和亚热带地区，主要分布于亚洲、欧洲、北美洲、南美洲。我国自1982年从美国引进40多个优良品种，种植面积达80余万亩。东自东海之滨，西至新疆塔城，北自哈尔滨，南抵长江流域均可种植，并且长势良好。籽粒苋主要分布区在四川、云南、东北、黄淮海地区、南方山地、黄土高原和沿海滩涂等。籽粒苋也很适宜在红壤上生长，江西各地每年种植达10万余亩。

32.2 籽粒苋的特征特性

籽粒苋具有生物量高、蛋白质含量高、抗逆性强及播种量低四大优点。植株一般高达2.5～3.0米，有的品种可达3.5～4米。生长迅速，植株强壮而繁茂，再生力强，可多次刈割，产量高，在华北、东北亩产鲜草可达15～20吨。同等条件下，美国籽粒苋的

红苋

产量是苜蓿的3倍、青刈玉米的2倍。一般情况下春播一年可刈割4次，夏播可刈割3次。籽粒苋的粗蛋白含量高达20%以上。

籽粒苋抗旱耐盐碱，水土保持能力强。在年降水量350～400毫米的内蒙古东部草甸化草原地区可以旱作，在西北荒漠化草原及沙漠河套地带则需灌溉，但灌溉只需2～3次。籽粒苋可以在土壤pH值为8.5、含盐量0.3%的轻中度盐碱地上生长；而且耐贫瘠，在地震后或在露天煤矿复垦地上也可以生长。籽粒苋的拦沙能力与红豆草相当，比马铃薯、

红苋

小麦、荞麦和玉米等作物能多拦70%以上泥沙。即使大风大雨折断植株也能很快恢复，由侧芽萌发出新枝，再生能力极强。籽粒苋根系发达，单株1～4级侧根的长度相加可达200余千米，侧根数达到452万条，其根系发达程度远超过其他双子叶作物。因此，抗旱性强，并能增加土壤有机物质，利于培肥地力。

籽粒苋播种量极低，节粮意义大。籽粒苋种子极小，千粒重为0.4～0.7克，每亩一般种3 000～3 600株（最多5 000株），一亩地的播种量只需数克。在国外一般每亩7～10克，我国在粗放经营下为每亩地50克，现用先进机械作业播种仅需3～4克。在作物播种量上属于罕见的稀少，大大节省了种子成本。

32.3 籽粒苋的经济价值

籽粒苋是一种"粮、菜、饲（草）、药、肥、绿化"六位一体的兼用型多功能、多用途、新型特色经济作物。可用作粮食、蔬菜、青贮饲料、食品添加剂、功能食品、工业原料、药物、绿肥、绿化工程、土壤改良、生态修复和水土保持等，具有较高的综合开发与利用价值。

籽粒苋的籽粒营养成分丰富且均衡，蛋白质含量高，尤其富含人体和动物所必需的赖氨酸，其含量为大米的2倍，是玉米、小麦的3倍。氨基酸组成与联合国粮农组织和世界卫生组织推荐的人类蛋白质标准具有很好的一致性。含有不饱和脂肪酸以及一些生理活性物质（维生素E、维生素C、角鲨烯、类胰岛素等）等；还含有多糖、膳食纤维和多种矿质元素。籽粒苋加工可以制成籽粒苋沙琪玛、籽粒苋饼干、苋挂面、苋面包、苋酱油、苋米粉丝、苋米饵块、苋魔雪条、苋脆片、苋酥饼、苋米清酒、苋荞速食粉、苋笋干和苋参米酒等多种食品（饮品），具有良好的食用价值。而且，将籽粒苋蛋白作为食品添加剂研发功能产品也具有广阔的前景。

籽粒苋是一种优质高产的青饲料，茎叶含有丰富的蛋白质，与紫花苜蓿相当，远高于青贮玉米。此外，全株还富含钙、锌、铁、镁和磷等矿物质。营养价值高，适口性强，无论青刈饲喂或制备青贮饲料、干饲料饲喂皆为适宜。

籽粒苋不仅可以食用、饲用，还在特殊营养、医疗方面有发展潜力。在药理性状上，研究发现苋茎叶含有丰富的皂角苷、黄烷酮和氨基酸。在繁穗苋和红苋内含有黄烷酮与芦丁，并在治疗糖尿病、偏头疼、消瘦、夜盲症和蛋白缺乏症方面有一定效果。

参考文献

刘英. 1999. 籽粒苋的营养特点及籽粒苋食品[J]. 武汉工业学院学报（3）：35-37.

孙鸿良，岳绍先，陈幼春. 2016. 创新技术带来籽粒苋优质青贮饲料面世——种苋培土致富途径介绍[J]. 中国畜牧业（24）：47-49.

徐明生，上官新晨，吴少福，等. 2003. 籽粒苋蛋白质的提取研究[J]. 农业工程学报，19（1）：43-45.

岳绍先，孙鸿良. 1993. 籽粒苋在中国的研究与开发[M]. 北京：中国农业科学技术出版社.

33 珍珠粟

田园美景珍珠粟，
晶莹剔透粒粒圆。
相逢莫道无人识，
美食佳饲在眼前。

33.1 珍珠粟的起源与分布

珍珠粟［学名：*Pennisetum glaucum*（L.）R. Br.］又名御谷、非洲粟、蜡烛稗，是禾本科狼尾草属一年生草本植物。原产印度和非洲西北。亚洲和美洲均已引种栽培为粮食作物，中国南北多省均有栽培。4 000～5 000年前，珍珠粟在非洲撒哈拉中心高地南沿被驯化。在非洲可见珍珠粟的野生种，故其多样性原生中心在非洲。在公元前约1 000年传入印度，公元800年传入非洲南部和西班牙南部。珍珠粟很早就传入我国，由于其营养价值高，古代曾作为贡品，故在我国又称为"御谷"，但由于种种原因，直到近年来一直是作为饲草青刈或

珍珠粟

青贮利用。

如今，珍珠粟作为最重要的热带粮食作物，全世界种植面积约3.9亿亩，产量约占粟类谷物的一半，是世界主要谷类作物之一。珍珠粟广泛分布在非洲、印度、巴基斯坦、缅甸及也门等热带和亚热带地区。世界上一半以上的珍珠粟产于非洲，种植面积达2.2亿亩，其中70%在西非。珍珠粟的主要生产国是西非的尼日利亚、尼日尔、乍得、马里、毛里塔尼亚和塞内加尔及东非的苏丹和乌干达。

33.2　珍珠粟的特征特性

珍珠粟茎秆直立，株高一般1.5～2米，最高可达5米，植株分蘖多。根系强壮发达，不易倒伏。穗轴直立，圆形实心。籽粒圆形，多为灰色、灰褐色，也有紫色和琥珀白色的。珍珠粟最突出的特点就是耐旱，而且可在低肥力和酸性土壤条件正常生长，主要种植于干旱、少雨的热带地区。珍珠粟具有较高的生产潜力，随着世界农业水资源的日益减少，珍珠粟作为抗旱节水的重要农作物日益受到重视，有关珍珠粟的应用研究也越来越多。

珍珠粟为二倍体，14条染色体，具雌蕊先熟，异花授粉的特性。常与高粱、玉米、红豆、花生或玫瑰茄等间作。在西非的南撒哈拉地带主要是珍珠粟—红豆间作类型。西非珍珠粟栽培分早晚两种类型。早型一般在降水量小的北方地区，晚型则在较潮湿些的南方地区。珍珠粟籽粒不易去壳，故大而圆粒的品种较受欢迎。提高去壳特性，改善籽粒形状、大小和硬度是育种目标之一。珍珠粟面粉贮藏稳定性低，一般仅可保存15天左右。

珍珠粟种子

33.3　珍珠粟的经济价值

珍珠粟是一种粮饲兼用，粮草双高产的作物，对亚洲和非洲干旱和半干旱热带地区贡献极大。珍珠粟的籽粒营养丰富，可作为粮食食用。籽粒蛋白质含量较高，平均为16%；磷和钙等含量较一般禾谷类作物高；赖氨酸、异亮氨酸、亮氨酸、缬氨酸、苯丙氨酸和酪氨酸含量都高于联合国粮农组织与世界卫生组织推荐的人类最适氨基酸水平。珍珠粟贮能约为780卡/千克，在禾谷类作物中最高，而且消化性比高粱好。将珍珠粟干磨成粉或湿磨成糊，可以做饼、面包、发酵食品、蒸煮食品以及多种形式的糕点。在印度，珍珠粟是继水稻、小麦和高粱之后的第四大作物，面积达1.65亿亩左右。

　　珍珠粟的植株由于生长快，可以多次刈割，鲜草柔嫩，青绿多汁，营养丰富，适口性好，是上好的牲畜青饲料。种子加工后还可以作为家禽和牲畜的精饲料。同黑麦和高粱相比，珍珠粟中含限制适口性和抑制蛋白质消化的丹宁量很低，因此不需要加热处理来破坏蛋白酶抑制因子和其他有害因子。此外，珍珠粟的粗蛋白比玉米高8%~60%，赖氨酸和蛋氨酸高40%，苏氨酸高30%，而且对鸡、鸭、猪、牛、羊等多种畜禽的生长性能无不良影响。尽管玉米是最常用的家禽、家畜的饲料，但许多国家的玉米产量低，不能满足需要。因此，用珍珠粟代替玉米作为饲料成为亚洲和非洲许多国家理想的选择。

参考文献

丁成龙，白淑娟，顾洪如，等. 2000. 珍珠粟在畜禽饲料中的应用研究进展[J]. 畜牧兽医杂志，19（6）：14-16.

黎裕. 1990. 世界古老作物—珍珠粟[J]. 世界农业（4）：27-28.

34 苏丹草

源起苏丹名为草，
遍布五洲逞英豪。
行人莫怨春归去，
仲秋风光无限好。

34.1 苏丹草的起源与分布

苏丹草［学名：*Sorghum sudanense*（Piper）Stapf.］别名野高粱，禾本科高粱属一年生草本植物。原产于非洲的苏丹高原，故名苏丹草，是世界广泛栽培的一种优良牧草作物，被称为禾本科牧草中的"牧草之王"。现在欧洲、南北美洲和亚洲种植苏丹草比较普遍，几乎世界各国均有引种栽培。中国约在1930年前后从俄罗斯或印度引入苏丹草，目前我国东北、华北、西北以及南方热带、亚热带地区都有种植。

34.2 苏丹草的特征特性

苏丹草依茎秆的高度不同分为矮型、中型及高型。高型苏丹草的株高2~3米。依品种侧枝着生情况又可分为直立型、半散开型、散开型、铺展型等几种株型。苏丹草根系发达，大部分根系分布在地表0.5米以下，能充分利用土壤深层水分和养分。耐旱性极强，在年降水量仅250毫米地区种植，仍可获得较高产量。在夏季炎热的干旱地区，大

苏丹草

多牧草枯萎，苏丹草却能旺盛生长，特别能适应干旱或半干旱地区的自然气候条件。

　　苏丹草生长迅速，具有很强的再生能力，其株高茎细，茎叶品质比青刈玉米和高粱柔软，适口性好，在水肥条件好的地块可连续刈割数次，我国北方每年可刈割2～3茬，南方可刈割5茬。在南方水肥条件好时鲜草产量可达每亩15～24吨，具有稳产、高产的特性，适于青饲、调制干草、青贮或放牧，是养鱼、养羊和养牛的上等饲料。

34.3　苏丹草的经济价值

　　苏丹草是我国养殖业中被广泛应用的一种重要优质、高产饲用作物。苏丹草含有丰富的可消化营养物质，其蛋白质含量居一年生禾本科牧草之首。青绿期蛋白质的消化率达44%，脂肪消化率57%，纤维素消化率64%，适口性良好，各种家畜、家禽均喜采食。同时是草鱼、鳊鱼等草食性鱼类的优质饵料，号称"养鱼青饲料之王"。据报道，每25～30千克苏丹草鲜草可使优质草鱼增重1千克以上，是夏、秋两季草鱼主要利用的优质饲草品种。尤其是自20世纪80年代以来，对湖北、江苏和安徽等省的淡水养鱼业发展起到重要作用。在渔业生产中它是夏季栽培面积最大的一种饲饵。只在安徽一省，苏丹草种植面积就占夏季鱼草面积的70%以上。随着全国畜牧业及渔业的发展，苏丹草的种植面积将会越来越大，在生产中发挥更大的作用。

　　苏丹草耐盐性较强，在我国中度盐渍土壤上可以大面积栽培。特别是在渤海湾西岸1 500万亩的滨海盐渍土壤上，作为优质耐盐牧草具有非常广阔的发展前景。苏丹草抗旱性能好，在我国西部地区也能推广种植。苏丹草草质优良、适应性强，在我国大、中城市近郊奶牛养殖业领域占有一定地位。

参考文献

王赟文，曹致中，韩建国，等. 2005. 苏丹草营养成分与农艺性状通径分析[J]. 草地学报，13（3）：203-208.

徐玉鹏，武之新，赵忠祥. 2003. 苏丹草的适应性及在我国农牧业生产中的发展前景[J]. 草业科学，20（7）：23-25.

杨桂英，朱慧森. 2001. 优良牧草苏丹草的栽培和利用[J]. 饲料与畜牧（6）：30-31.

35 高丹草

青翠嫩柔高丹草，
根强蘗足枝叶茂。
不须更问田园意，
东风细雨绿茵娇。

35.1 高丹草的起源与分布

高丹草是用高粱和苏丹草杂交而成，以取食茎叶为主的一年生禾本科饲用牧草。在阿根廷、美国等美洲国家种植极为广泛，是优质的畜牧用草。我国种植的高丹草是由第三届全国牧草品种审定委员会最新审定通过的新牧草，在全国多地均有栽培。近年来，经过科研工作者不懈的努力，中国高丹草品种改良已取得了可喜的成果，相继选育出大量品质优良的高丹草新品种，如蒙农青饲1号、2号、3号，皖草2号、3号，GB-4-2等。这些品质优异的饲草新品种在农牧业生产中发挥着重要的作用。

高丹草

35.2 高丹草的特征特性

高丹草综合了高粱茎粗、叶宽和苏丹草分蘗力、再生力强的优点，杂种优势非常明显，是高光效、多用途、多抗性的C_4植物，产草量高，分蘖能力强，再生能力比玉米、高粱强，可多次刈割利用，在江淮流域一年可刈割4次，北方地区可刈割2次，生物产量比高粱和苏丹草高50%。高丹草为须根系，根系发达，具有抗旱、耐涝、耐盐碱、耐瘠薄和耐高温等抗逆性，适应区域十分广泛，热带、温带、亚寒带均可种植。茎秆高大，株高可达2～3米。

高丹草为喜温植物，它与传统品种相比，具有更长的营养生长时间、更高的消化率以及更高的产量，并且具有较强的抗逆性，在降水量适中或有灌溉条件的地区均可获得高产。种子最低发芽温度为8～10℃，最适发芽温度20～30℃。高丹草对土壤要求不严，无论沙性土壤、微酸性土壤和轻度盐碱地均可种植。

35.3　高丹草的经济价值

高丹草营养价值高，干草中含有粗蛋白15%以上，粗脂肪均高于双亲（高粱和苏丹草），含糖量较高。高丹草产量高、质量好，草质柔软，适口性好，是草食家畜良好的饲料。高丹草既可青饲又可青贮，鲜草水分含量高、茎秆富含汁液、比较脆嫩、适口性好，加之氰化物含量较低，可满足不同草食动物的营养和饲养需要，是马、牛、羊、鱼的首选饲料，也可以调制成干草，作为牲畜的冬季饲料。目前有特别适合饲养奶牛的高丹草品种，无论青饲还是青贮饲喂，均可大幅度地提高产奶量。此外，高丹草喂鱼的适口性也超过了苏丹草。因此，高丹草在畜牧业及渔业生产上具有广泛的应用前景。

由于高丹草具有较强的抗逆性，在国土资源保护与治理上有着极高的潜在利用价值。它可以向旱地、坡地、黄土丘陵山地和盐碱地扩展，提高植被覆盖率，保护生态环境，实现增产增收。

参考文献

刘建宁，石永红，王运琦，等.2011.高丹草生长动态及收割期的研究[J].草业学报，20（1）：31-37.

詹秋文，林平，李军，等.2001.高粱—苏丹草杂交种研究与利用前景[J].草业学报，10（2）：56-61.

36 甘蔗

甘蔗本自生南国，
清甜美味汁液多。
榨糖鲜食皆上品，
不负耕勤对山河。

36.1 甘蔗的起源与分布

甘蔗（学名：*Saccharum officinarum* L.）是甘蔗属多年生高大实心草本植物。原产新几内亚或印度，后来传播到南洋群岛，现广泛种植于热带及亚热带地区。亚历山大大帝东征印度时，部下一位将领曾说印度出产一种不需蜜蜂就能产生蜜糖的草。公元6世纪伊朗萨珊王朝国王库思老一世将甘蔗引入伊朗种植。8世纪到10世纪甘蔗的种植遍及伊拉克、埃及、西西里和伊比利亚半岛等地。后来葡萄牙和西班牙殖民者又把甘蔗带到了美洲。

甘蔗大约在周朝周宣王时传入中国南方。先秦时代的"柘"就是甘蔗，到了汉代才出现"蔗"字，"柘"和"蔗"的读音可能来自梵文sakara。10世纪到13世纪（宋代），江南各省普遍种植甘蔗；中南半岛和南洋各地如真腊、占城、三佛齐、苏吉丹也普遍种甘蔗制糖。

甘蔗种植面积最大的国家是巴西，其次是印度，中国位居第三。种植面积较大的国家还有古巴、泰国、墨西哥、澳大利亚和美国等。中国的甘蔗产区，主要分布在北纬24°以南的热带、亚热带地区，包括广东、台湾、广西、福建、四川、云南、江西、贵州、湖南、浙江、湖北和海南等地。20世纪80年代中期以来，中国的蔗糖产区迅速向广西、云南等西部地区转移，至1999年，广西、云南两地的蔗糖产量已占全国的70.6%（不包括台湾省的产量）。随着生产技术的发展，在中国大陆的中原地区也有分散性大棚种植，如河南、山东、河北等地。

甘蔗田（高三基供图）

36.2 甘蔗的特征特性

甘蔗属C$_4$作物。植株高大，一般株高3～6米，根状茎粗壮发达，圆柱形茎秆直立、分蘖、丛生、有节，节上有芽；节间实心，外被有蜡粉，有紫、红或黄绿色等；叶子丛生，叶片有肥厚白色的中脉；大型圆锥花序顶生，小穗基部有银色长毛，长圆形或卵圆形颖果细小。表皮一般为紫色和绿色两种常见颜色，也有红色和褐色，但比较少见。甘蔗为喜温、喜光作物，年积温需5 500～8 500℃，无霜期330天以上，年均空气湿度60%，年降水量要求800～1 200毫米，日照时数在1 195小时以上。

36.3 甘蔗的经济价值

甘蔗依据用途不同可分为糖蔗和果蔗。糖蔗含糖量较高，是用来制糖的原料，一般不会用于市售鲜食。因为皮硬纤维粗，口感较差，只是在产区偶尔鲜食。糖蔗茎秆汁液含蔗糖12%～15%，还含有还原糖、淀粉、果胶和脂肪，是优质的制糖原料，可制成蔗糖酯、果葡糖浆等。在世界食糖总产量中，蔗糖约占65%，中国则占80%以上。糖是人类必需的食用品之一，也是糖果、饮料等食品工业的重要原料。

此外，甘蔗还具有药用价值，其味甘、涩，性平，无毒。主治下气和中，助脾气，利大肠，消痰止渴，除心胸烦热，解酒毒；还可治呕吐反胃，宽胸膈。

果蔗是专供鲜食的甘蔗，它具有易撕、纤维少、糖分适中、茎脆、汁多味美、口感好以及茎粗、节长、茎形美观等特点。

甘蔗渣作为制糖工业的主要副产品，是一种重要的可再生生物质资源。蔗渣的纤维含量约12%，以纤维素、半纤维素以及木质素为主，经过处理后可以作为反刍动物的饲料。利用木聚糖酶对甘蔗渣进行降解可制备功能性食品添加剂低聚木糖，特别适用于婴幼儿、老年人和亚健康人群。此外，蔗渣的滤泥还可制成纸张、纤维板、碎粒板、糠醛及食品培养基等。

甘蔗（制糖用）

甘蔗的综合利用价值较大，不仅是重要的制糖原料，而且可生产乙醇作为能源替代品，是轻工、化工和能源产业的重要原料。因此，发展甘蔗生产对提高人民的生活、促进农业和相关产业的发展，乃至对整个国民经济的发展都具有重要的作用。

参考文献

李奇伟，戚荣，张远平. 2004. 能源甘蔗生产燃料乙醇的发展前景[J]. 甘蔗糖业（5）：29-33，44.

李杨瑞，杨丽涛. 2009. 20世纪90年代以来我国甘蔗产业和科技的新发展[J]. 西南农业学报（5）：281-288.

王允圃，李积华，刘玉环，等. 2010. 甘蔗渣综合利用技术的最新进展[J]. 中国农学通报，26（16）：370-375.

中国植物志编委会. 1997. 中国植物志（第10卷）[M]. 北京：科学出版社.

37　甜菜

块根甜味不胜情，
穿越季夏始成型。
秋风送爽无限意，
丰收歌舞庭园中。

37.1　甜菜的起源与分布

甜菜（学名：*Beta vulgaris* L.）是藜科甜菜属二年生草本植物。原产于欧洲西部和南部沿海，从瑞典传播到西班牙，后遍及全球。目前世界甜菜种植主要分布在地球北部地区，以欧洲最多（占世界总产量的75%以上），其次为北美洲（占世界总产量的9%），亚洲占第3位，南美洲最少，其中法国、德国、英国、波兰、土耳其、俄罗斯、乌克兰、埃及、美国和中国种植面积较大。甜菜是世界上仅次于甘蔗的第二大糖料作物，2000—2009年，甜菜糖占食糖总产量的比例约为24%。

甜菜块根

1747年，德国科学家首先发现甜菜根中含有蔗糖。随后培育出世界上第一个糖用甜菜品种，并在德国建立了世界上第一座甜菜制糖厂。19世纪初，法、俄等国相继发展了甜菜制糖工业，至今仅200多年的历史。我国的甜菜糖业始建于20世纪初，主要分布于新疆、黑龙江、内蒙古、河北、山西和甘肃等省区。20世纪90年代，黑龙江、内蒙古和新疆三省区甜菜糖合计占全国甜菜糖总产量的74%，黑龙江省甜菜糖产量居第一位，占全国甜菜糖总产量的38.4%。随着部分地区退出制糖业，新疆甜菜糖产量上升到第一位，占全国总产量的近一半。新疆已取代黑龙江成为我国甜菜产量、甜菜糖产量最高的省份。

37.2 甜菜的特征特性

甜菜的根属于直根系，主根膨胀肥大而形成肉质块根，叶片一般为绿色，也有紫红色的。根体、根肉白色，以楔形、圆锥形、纺锤状和锤形居多，块根多汁。甜菜是喜温作物，但耐寒性也较强。块根生育期的适宜平均温度为19℃以上。甜菜是二年生植物，第1年主要是营养生长，可分为幼苗、叶丛繁茂、块根糖分增长和糖分积累4个时期。第2年主要是生殖生长，可分为叶丛、抽薹、开花和种子形成4个时期。甜菜是一种需肥量

田间生长的甜菜

大的糖料作物。叶丛快速生长期至块根糖分增长期，是甜菜的需肥高峰。菜用甜菜栽种第一年即生成粗厚的肉质直根，可供食用。第二年即长出高大、多分枝的茎，开绿色簇生小花；果棕色，质如软木，俗称"种球"。直根扁球状、球状、锥状直到长锥状，皮肉一般为深红色至深紫红色，间有近乎白色者，煮后肉色即变均匀。

根据甜菜的主要用途，可以分为糖用甜菜（*B. vulgaris* L. var. *Saccharifera* Alef.）、叶用甜菜（*B. vulgaris* L. var. *Cicla*. L.）、食用甜菜（*B. vulgaris* L. var. *Cruenta* Alef.）和饲用甜菜（*B. vulgaris* L. var. *Crassa* Joh.）四种类型。

37.3 甜菜的经济价值

糖用甜菜是最重要的商业类型，其主要产品是糖。糖是人民生活不可缺少的营养物质，也是食品工业、饮料工业和医药工业的重要原料。除生产蔗糖外，甜菜及其副产品还有广泛的开发利用前景。如糖蜜经过发酵，或通过化学方法处理，能生产甲醇、乙醇、丁醇、甘油、味精及丙酮等工业原料。还可用于制取三磷酸腺苷、金霉素、维生素B复合体、蛋白酵母及柠檬酸等医药与轻工业产品的原料。制糖后的滤泥，含有丰富的钙质和其他养分，可

作肥料，有中和土壤中游离酸的作用。甜菜茎叶、青头、尾根以及甜菜粕等，既可作为酿造原料，提取甜菜碱等，又是优质多汁饲料。

叶用甜菜俗称厚皮菜，叶片肥厚，具有较强的抗寒性及耐暑性，可作为蔬菜食用或作为甜菜草药及饲料。叶用甜菜叶柄有红色、黄色、紫色，还有绿色的，非常艳丽，极具观赏价值。在欧洲中部、东部地区及我国的南方，叶用甜菜广泛用于饮食，可凉拌、煮熟及做汤、做馅等。

食用甜菜俗称红甜菜，根和叶为紫红色，因此也称火焰菜。块根可食用，类似大萝卜，生吃略甜，可作为配菜点缀在凉拌菜中，或作为雕刻菜的原料，颜色非常鲜艳，也可做汤类菜。俄罗斯甜菜浓汤是东欧的传统甜菜汤。目前食用甜菜在食用、药用及天然色素等方面均有较多的利用。如甜菜根的色素甜菜红（Betalains）含量极为丰富，常用于冰激凌、凝态优酪乳、干混食品及糖果等食品中。红甜菜含有较多的甜菜碱、角皂苷，具有改善肝功、抑制胆固醇和防治高血压等作用。

饲用甜菜的突出特点是块根生长速度快、产量高、易收获，而且含糖率仅为5%~7%，符合动物适口性和摄取糖量不宜过多的要求。其根和茎叶是牛、羊、猪和家禽等良好的多汁饲料，有极高的饲用价值。饲用甜菜主要应用于畜牧业，在丹麦、德国、荷兰等欧洲国家用饲用甜菜喂牛羊很普遍，我国则应用较少。

甜菜茎叶还可以作为肥料还田，培肥地力，增加土壤中有机质含量。

古代西方将甜菜药用，古罗马帝国用甜菜治疗便秘和发烧，用甜菜叶子包裹治疗外伤。中世纪欧洲用甜菜根治疗消化系统和循环系统疾病。食用过多的甜菜会使小便颜色变红。

参考文献

陈连江，陈丽.2010.我国甜菜产业现状及发展对策[J].中国糖料（4）：66-72.

曲文章.2003.中国甜菜学[M].哈尔滨：黑龙江人民出版社.

阮平南，王建忠.2005.我国甜菜糖业发展现状与对策[J].中国甜菜糖业（3）：32-35，53.

王燕飞，刘华君，张立明，等.2004.栽培甜菜的种类及利用价值[J].中国糖料（4）：46-49.

38　藏红花

奇珍异草藏红花，
万里飘香满天涯。
争鲜斗艳秋色里，
蜂蝶漫舞戏朝霞。

38.1　藏红花的起源与分布

　　藏红花（学名：*Crocus sativus* L.）为鸢尾科植物，又名西红花、番红花，多年生草本植物。藏红花是一种昂贵的中药材，在藏药称苟日苟木。一般认为藏红花原产于地中海地区、小亚细亚和伊朗。早期主要栽培中心是西利西亚和小亚细亚。随后阿拉伯人将其引种到欧洲。主要种植于西班牙、法国、希腊、意大利、印度、伊朗和克什米尔等地。因最早是由中东地区经西藏传入我国，故而得名藏红花。藏红花引入中药可上溯到唐朝中期，从资料推测中药藏红花最初可能是通过丝绸之路传入的。藏红花之名始载于唐代的《本草拾遗》（时名"郁金香"），番红花之称始见于《本草品汇精要》，在《本草纲目》中以番红花为正名。

　　藏红花主要出产在地中海、欧洲和中亚地区，其中以西班牙、法国、伊朗和印度占主要地位。西班牙生产的藏红花质量最好，出口量也最多。印度生产的藏红花产量很高，但品质一直不如西班牙。研究

藏红花（干花）

认为种质上不存在差异，主要是由于采收后加工工艺上的差别造成的。西班牙藏红花的平均亩产0.7～0.8千克，意大利、印度、西班牙试验种植中的产量高达每亩1千克。目前，伊朗是世界上最大的藏红花生产和出口国，每年生产100～120吨藏红花，占世界总产量的70%。西班牙的产量在下降，主要是由于劳动力价格的上升和年轻一代不愿从事这项工作。我国自20世纪60年代开始引种，在上海、浙江等地先后引种成功。实行室内培养，干柱头亩产0.5～1千克。

藏红花（鲜花）

38.2 藏红花的特征特性

藏红花的球茎扁圆球形，有黄褐色膜质鳞片。花1～2朵，淡蓝色、红紫色或白色，有香味。属于短日照植物，性喜冷凉、湿润，需要充足的阳光，怕高温，耐旱，怕酷热，较耐寒，适宜在排水良好、腐殖质丰富的沙壤土中生长。球茎在夏季高温情况下休眠。前期生长的适宜温度为24～29℃。花期以天气晴朗，温度15～18℃为宜。冬季不低于-10℃即可安全越冬。在我国藏红花的生长期是第一年的9—10月到第二年的5月。一般花期为10月至11月，花朵日开夜闭。

"物以稀为贵"，藏红花仅仅是一朵花中雌蕊的三根柱头，产量极低，7万～20万朵花才能够生产1千克干藏红花柱头。因为藏红花的采收和从花中分离柱头都是手工劳动，所以1千克柱头需要370～470小时的工作量。故弥足珍贵，有着"植物黄金"之称，因此市场售价极高。

38.3 藏红花的经济价值

藏红花的柱头（雌蕊的顶部）为名贵中藏药材，收载于《中华人民共和国药典》2010年版（一部），记载藏红花的功能与主治为：藏红花味甘、性平，归心、肝经；能活血化瘀，凉血，解毒，解郁安神；用于经闭癥瘕，产后瘀阻，温毒发斑，忧郁痞闷，惊悸发狂。现代医学研究表明，藏红花具有治疗心血管疾病、降血脂、利胆保肝、降血压、抗血栓和免疫调节等作用。而且，藏红花柱头含有藏红花素、藏红花苷等成分，具有良好的抑制肿瘤作用，被称为21世纪最理想的抗癌药物之一。为此很多人将其捧为神药，特别是"藏"字加持，出于对藏区神圣且神秘的心理定位，更吸引了大批消费者的目光。

除药用以外，藏红花柱头中所含的藏红花色素是一种世界各地广泛应用、最昂贵的天然食用香料、食品调料及化妆美容品。藏红花作为食用香辛料和调味品收载于国家标准——《香辛料和调味品名称》，在我国有着历史悠久的传统食用习惯，中医药典籍中未有毒性记录。藏红花可以作为面包中的调色和调味佐料。藏红花常用的食用方法有口服、泡水、泡酒、蒸鸡蛋等。

参考文献

刘辉辉，毛碧增.2014.藏红花药理作用及组织培养研究进展[J].药物生物技术，21（6）：593-596.

王莉，李毅，张宝琛.2001.藏红花的研究进展[J].青海科技，8（2）：18-21.

39　红花

满地红花一片情，
彩蝶漫舞戏东风。
游人莫问桃源路，
回首田园醉意生。

39.1　红花的起源与分布

红花（学名：*Carthamus tinctorius* L.），桔梗目菊科红花属一年生或两年生草本植物，又名红蓝花、草红花、刺红花。红花种类繁多，包括怀红花（又名淮红花，河南）、杜红花（浙江宁波，质佳）、散红花（河南商丘，质佳）、大散红花（山东）、川红花（四川）、南红花（南方各省）、西红花（陕西）和云红花（云南）等。原产中亚地区，俄罗斯、日本和朝鲜都有种植。红花在中国多省份均有栽培，主产河南、湖南、四川、新疆、西藏、甘肃、山东和浙江等地。

39.2　红花的特征特性

红花茎秆直立，上部有分枝，一般株高50～100厘米。干燥的管状花，橙红色，花管狭细。具特异香气，味微苦。以花片长、色鲜红、质柔软者为佳。红花喜温暖、干燥气候，抗寒性强，耐贫瘠。抗旱怕涝，适宜在排水良好、中等肥沃的沙壤土上种植，以油沙土、紫色夹沙土最为适宜。种子容易萌发，5℃以上就可萌发，发芽适温为

黄色的草红花

15～25℃，发芽率为80%左右。适应性较强，生活周期120天。5—6月当花瓣由黄变红时采摘管状花，晒干、阴干或烘干，作为药材使用。

红花是中国传统药材，始载于《开宝本草》曰："主产后血运口噤，腹内恶血不尽，绞痛，胎死腹中，并酒煮服，亦主蛊毒下血"。中医认为红花味辛微苦、性湿，归心、肝经，是活血通经，去淤止痛之良药。据调查，新疆吉木萨尔、河南新乡、四川简阳和云南巍山是我国红花的四个主要产地。

39.3 红花的经济价值

白色的草红花

红花是一种经济作物，花油两用。红花油色黄、味香、液清，不饱和脂肪酸含量高达90%以上，富含维生素A、维生素E和多种营养物质，是食用油中的上品。花丝主要用于天然色素提取或作为药材使用。红花的花入药，具有活血通经，散瘀止痛的功效，可治疗经闭、痛经、恶露不行、胸痹心痛、瘀滞腹痛、胸胁刺痛、跌打损伤、疮疡肿痛等疾病，孕妇忌使用，否则会造成流产。花色红黄、鲜艳、干燥、质柔软者为佳。现代医学表明红花具有扩张血管、增加血流量、改善微循环、抑制血小板聚集、兴奋子宫、降压、抗癌和抗炎作用。红花还可制成红花饼，晒干入药。

古人用红花染色或将红花素浸入淀粉中做胭脂。红花在红色染料中占有重要地位，根据现代科学分析，红花中含有黄色和红色两种色素，其中黄色素溶于水和酸性溶液，在古代无染料价值，而在现代常用于食物色素的安全添加剂；而红色素易溶解于碱性水溶液，在中性或弱酸性溶液中可产生沉淀，形成鲜红色的沉淀积在纤维上，获得具有一定牢度的红色衣物。

参考文献

郭晓凤.2008.中药红花的研究进展[J].中国民族民间医药（2）：77-78.

杨志福，梅其炳，蒋永培.2001.红花有效成分及药理作用[J].西北药学杂志，16（3）：131-133.

尹宏斌，何直升，叶阳.2001.红花化学成分的研究[J].中草药，32（9）：776-777.

40 薰衣草

天山脚下薰衣草，
漫坡遍野紫云飘。
药食美容人称赞，
踏青留影更妖娆。

40.1 薰衣草的起源与分布

薰衣草（学名：*Lavandula angustifolia* Mill.）又名香水植物、灵香草、香草、黄香草、拉文德，为唇形科薰衣草属，是一种散发着独特芬芳的多年生小灌木。原产于地中海沿岸、欧洲各地及大洋洲列岛，后被广泛栽种于英国及南斯拉夫。13世纪，它是欧洲医学修道院园圃中的主要栽种植物。16世纪末，在法国南部地区开始栽培。19世纪，英、澳、美、匈、保、俄、日等国相继引种栽培，现已遍及地中海与黑海沿岸诸国。

薰衣草田（张学超供图）

中国1952年开始从法国引种薰衣草,新疆伊犁得天独厚的地理和气候资源,非常适合薰衣草的生长发育。目前,伊犁是全国最大的薰衣草种植基地,种植面积占全国的95%以上,被称为中国的"薰衣草之乡",与法国的普罗旺斯、日本北海道共称世界三大薰衣草基地。伊犁薰衣草作为名贵天然香料作物,成为世界八大顶级品种之一。

40.2　薰衣草的特征特性

薰衣草直立生长、分枝多、丛生,大多数品种株高45~90厘米,也有30~40厘米的品种。花冠上部是唇形、下部为筒状,花长约1.2厘米,蓝紫色为常见的颜色,另外还有白色、粉红、深紫、蓝色等。6—8月为花期。在整个植株上带有的清淡香气含有木头甜味,在茎、叶、花的茸毛都含有油腺,油腺被轻轻触碰就会破裂而后香气就会释放出来。

薰衣草

植株根系发达,主根为圆锥形,须根茂密,可长达2米。具有很强的适应性,性喜干燥、需水不多,年降水量在600~800毫米比较适合。成年植株既耐低温,又耐高温。在收获季节能耐40℃左右高温,新疆地区经埋土处理和积雪覆盖可耐-37℃低温。

40.3　薰衣草的经济价值

薰衣草又名"宁静的香水植物",素有"芳香药草之美誉",是一种名贵而重要的天然香料植物,其香气清香肃爽、浓郁宜人。花中含芳香油,提炼的薰衣草精油作为香料、调味剂和添加剂有着极为悠久的应用历史,其多样的生物活性也日益引起人们的关注,广泛用于香水、化妆品和食品工业中,尤为棕榄型香皂及花露水香精中的主要原料。鲜花含油率0.8%,

干花含油率1.5%左右，精油主要成分为乙酸芳樟醇、丁酸芳樟醇及香荽素。

薰衣草植物种类繁多，具有很高的生态观赏价值。其叶形花色优美典雅，蓝紫色花序颀长秀丽，是一种新的耐寒庭院花卉，适宜花径丛植或条植，也可盆栽观赏。可用于建薰衣草专类芳香植物园，做到绿化、美化、彩化、香化一体。既能观赏，又能净化空气、治疗疾病，起到医疗保健的作用。

薰衣草用于治疗疾病最早可追溯到公元前。古代的波斯、希腊和罗马将其用于医院和病室消毒，并认为它

薰衣草吸引了美丽的蝴蝶

具有愈合伤口的作用。17世纪古波斯医药文献称其为"大脑的扫帚"，意指它可恢复脑损伤，后传入印度和中国西藏并用于治疗精神错乱和重型精神病。以蒸汽蒸馏法从薰衣草花序中提取精油，已被载入《欧洲药典》，一些内服、外用制剂也已获得德国许可，用于治疗失眠、神经性胃肠不适和功能性循环障碍等病症。

参考文献

刘钦玲，王海涛.2012.薰衣草的栽培管理及园林应用[J].中国园艺文摘（5）：132.

徐康，杨霞，郑慧俊.2013.解析薰衣草的栽培管理及应用[J].中国园艺文摘（5）：165-166.

游海丽.2007.伊犁地区薰衣草产业发展现状及经营对策[J].新疆教育学院学报（3）：129-131.

中国植物志编委会.1977.中国植物志（第65卷）[M].北京：科学出版社.

Teuscher E，Brinckmann J A，Lindenmaier M P. 2006. Medicinal spices：A handbook of culinary herbs，spices，spices mixtures and their essential oils [M]. Stuttgart，Germany：Medpharm Scientific Publishers.

41 紫苏

特异芳香紫苏灵，
药食兼用传美名。
遥望乡间春色好，
青翠满园无限情。

41.1 紫苏的起源与分布

紫苏（学名：*Pefilla frutescens* L.），又称桂荏、白苏、红苏、赤苏、香苏等，为唇形科一年生草本植物。原产于中国，已有2 000多年的栽培历史。明代李时珍曾记载："紫苏嫩时有叶，和蔬茹之，或盐及梅卤作菹食甚香，夏月作熟汤饮之"，可见紫苏很早就被中国人应用在日常饮食中。紫苏主要分布于印度、缅甸、日本、朝鲜、韩国、印度尼西亚和俄罗斯等国家。在我国主产于江苏、安徽和湖南等地，全国20多个省（自治区、直辖市）均有野生种和栽培种分布。

41.2 紫苏的特征特性

紫苏具有特异的芳香。株高0.3~2米，绿色或紫色。叶片多皱缩卷曲，完整者展平后呈卵圆形，长7~13厘米，宽4.5~10厘米，先端长尖或急尖，基部圆形或宽楔形，边缘具圆锯齿，两面紫色或上面绿色，下表面有多数凹点状腺鳞，叶柄长3~5厘米，紫色或紫绿色，质脆。嫩枝紫绿色，

紫苏植株

气清香，味微辛。花期8—11月，果期8—12月。紫苏适应性很强，对土壤要求不严，排水良好，沙壤土、壤土、黏壤土，房前屋后、沟边地边均可种植，但肥沃的土壤上栽培，生长良好。前茬作物以蔬菜为好。果树幼林下也可栽种。

41.3　紫苏的经济价值

紫苏是我国传统的药食植物，也是国家卫生部首批颁布的既是食品又是药品的60种物品之一。其营养丰富，叶中含有较丰富的类胡萝卜素；茎、叶和种子中含钾、钙、镁、钠等矿物质；叶片和紫苏油中含萜类、黄酮及苷类等生物活性物质。主要用于药物、食用油、香料和食品等方面。其叶（苏叶）、梗（苏梗）、果（苏子）均可入药，嫩叶可生食、做汤，茎叶可腌渍，具有较高的食用价值和药用价值。紫苏叶也叫苏叶，有解表散寒、行气和胃的功能，发汗力较强，用于风寒感冒、咳嗽等症。种子也称苏子，有镇咳平喘、祛痰的功能。紫苏全草可蒸馏紫苏油，种子出的油也称苏子油，长期食用苏子油对治疗冠心病及高血脂有明显疗效。

紫苏种子

中国人用紫苏烹制各种菜肴，常佐鱼蟹食用，少数地区也有用它作蔬菜或茶。烹制的菜肴包括紫苏干烧鱼、紫苏鸭、紫苏炒田螺等。另外，在南方地区，在泡菜坛子里放入紫苏叶或秆，可以防止泡菜液中产生白色的病菌。日本人多用于料理，尤其在吃生鱼片时是必不可少的配料。韩国紫苏变种的叶片比日本青紫苏更大、更圆、更为平坦，而且锯齿较为细密，一面是紫红色，一面是绿色。韩国人用紫苏制作泡菜，基本上在全世界的韩国货商店中都有紫苏泡菜罐头销售，在这种罐头中，每两片紫苏叶包裹着一个红辣椒。新鲜的紫苏叶可用来制作沙拉。越南人用在炖菜和煮菜中加入紫苏叶，或者将紫苏叶摆放在越南米粉上作为装饰。他们使用的紫苏品种的叶子一面红中带绿，一面是紫色，与日本紫苏品种相比香气更浓。

　　近些年来，紫苏因其特有的活性物质及营养成分，成为备受世界关注的多用途植物。现代医学研究证实：紫苏具有抗氧化、防衰老、降血脂、降血糖、抗过敏、抗微生物、提高记忆力和改善视觉等保健功能，是一种利用价值很高的药、食两用植物，日益成为国内外医疗保健、食品、化工领域的研究热点，具有较高的经济价值。俄罗斯、日本、韩国、美国和加拿大等国对紫苏属植物进行了大量的商业性栽种，现已开发出了保健食用油、调味品、饮料、色素、防腐剂、甜味剂、香料和药用制剂等几十种紫苏产品。由于我国紫苏资源丰富，紫苏易种易活，因此具有相当广阔的开发前景。

参考文献

韩丽，李福臣，刘洪富，等. 2006. 紫苏的综合开发利用[J]. 食品研究与开发，25（3）：24-26.

蒲海燕，李影球，李梅. 2009. 紫苏的功能性成分及其产品开发[J]. 中国食品添加剂（2）：109-113.

韦保耀，黄丽，滕建文. 2005. 紫苏属植物的研究进展[J]. 食品科学，26（4）：274-277.

于淑玲，王秀玲. 2006. 药用紫苏的营养价值与综合利用的概述[J]. 食品科技（8）：287-290.

中国植物志编委会. 1977. 中国植物志（第66卷）[M]. 北京：科学出版社.